盧彥澤的幸福餐桌

盧彥澤——著

再怎麼難，

只要能跟家人好好吃飯，

就是幸福。

讓你也想起幸福的時刻

大家好，我是盧彥澤，謝謝你們打開這本書。

先提醒大家，這本不是一般的食譜書，沒有太專業的食材解說或料理步驟，沒辦法帶領你進入特級廚師的行列，畢竟我自己也沒有厲害的廚藝本領，很多時候是靠感覺和直覺在料理，好不好吃通常都是煮完了才知道，簡單來說就是……後果自負。

會寫這本書，其實很大一部分是用料理和寫作的方式跟自己對話，料理原本是我的小小興趣，在成家之後，慢慢變成我對家庭付出的一種方式，從一個人自由的亂吃，到兩人世界的任意享受，進階成三、四個家人一起吃飯的菜色煩惱，與家人共同經歷的餐桌時刻變多了，嘗試的料理慢慢增加，好像也表示自己經歷了愈來愈多、不斷地進步著。

透過料理能與家人有更多的連結，無論過去或未來都是，回憶過往家人的食譜是種緬懷紀念，而繼續創造更多屬於自己的味道，好像能讓未來更加美好。

同時，透過寫作檢視自己的成長過程，我更加認識自己的模樣，知道了缺點、也感謝優點，就算很難改變，但還是謝謝自己一直以來都好好的生活，好好的進食。

雖然一開始找不到寫作的方向，很擔心完成不了幾萬字的內容，但在回憶自己怎麼長大、被什麼感動的過程中，發現原來自己是在很多幸福的儀式堆疊中成長起來的，而這些記憶「點」，有時候因為某個料理而具象化，或是藉由料理的味道，讓那個時期的溫暖感覺更加深刻，每當想起這些種種，或多或少都讓自己更有力量了一些，發現自己真的不孤單，那些吃進去的營養、還有經歷過的，都成為我們的血肉，讓我們更加茁壯。

希望透過這本書的內容，能讓各位讀者看著感受著，也能回想起成長過程中，讓自己感到幸福的料理和時刻，那些點點滴滴讓你長成了現在的模樣，變成了當下的你，謝謝那些，也謝謝你。

再次感謝你們打開了這本書，謝謝。

【作者序】
讓你也想起幸福的時刻・002

CHAPTER 1
那些關於愛的味道

食材：盧彥澤・008
料理的開始・014
儀式感・018
料理長・024
主廚・030
【食譜】
白菜獅子頭・038
綠豆湯・040
黃金炒飯・042
醃小黃瓜・044

CHAPTER 2
受傷也是一種成長

浪漫派顧客・048
吃你的吃我的巧福生活・056
青春的半吊子・064
來自星星的誰・072
超級先生不超級・080
隱藏版的演出・086
不甜的甘味人生・090
鹽味飯糰・100
癌與愛・106
摧毀與重建・114
【食譜】
麻油煎蛋蛤蜊湯・122
媽媽的泡菜麵・124
沙茶肉絲炒麵・126
味噌鮭魚・128

CHAPTER 3
療癒我的溫柔滋味

療癒系女孩・132
超級先生的超級女孩・138
導演說與觀眾說・144
越界・148
金家好玩家・156
味道的傳承・164
【食譜】
蒜頭雞湯・172
奶香香腸義大利麵・174
冰花煎餃&味噌海帶芽蛋花湯・176
蒜香奶油素干貝・178
媽媽留下來的螃蟹粥・180

CHAPTER 4
給予付出才是幸福

我要當爸爸了・184
一個屋簷下・190
小暖爐報到・198
我是神隊友・204
病識感・210
家的味道・220
【食譜】
爸味炒米粉・228
涼拌菠菜豆腐・230
黑糖紅豆紫米湯・232
白飯殺手青椒肉絲・234
蒜香豬排佐蘋果醬・236

CHAPTER 1

那些關於愛的味道

奶奶和媽媽的拿手料理、爺爺對於吃飯的重視與叮嚀，

自己摸索的第一道菜……

每一天，每一道菜，都是加了愛的人間美味。

GOOD
MORNING

食材：盧彥澤

料理帶給我的生命體悟與愛的記憶

多重身分之下，
帶給我成長的養分與歷練的，
是與料理緊密相連的愛的記憶。
我也透過動手做菜，享受生命，
當然，也是能讓我好好放鬆的方法，
更是我記錄愛的最好方式！

嗨，大家好，我是盧彥澤，是個演員、是個丈夫，也是個爸爸。

這本書雖然看起來跟料理有點關係，但其實是在說我生命中影響我的各種元素，關於我怎麼成長、面對生命的各種生離死別、經歷過的酸甜苦辣，怎麼把這些過程當成生命的調味料，揉捏拍打「我」的這塊食材，希望在料理生命的過程中體悟出一些什麼，更加地認識自己，更知道怎麼去調味自己的未來，繼續認真生活、享受生命，然後偶爾用料理來放空，經常用味道來記錄愛。

從料理中體會如何當好演員

把自己稱作食材，就像很多演員前輩會將自己稱之為水，可以變換成各種物質，柔軟又無限，可以飾演各種角色。把自己稱作食材亦然，可以把導演比喻成廚師，進入不同的環境與劇組，就好比撒上各種不同的調味料，與對手共演調配表演的火侯，產生不同的化學變化，最後端到觀眾的面前成為一道料理。

所以自己除了是食材，更要是自己的主廚，除了當個好食材能被調整之外，更要有自己獨特的料理手法與味道，可以因應各種劇情與劇本的調味，加入自己表演的想像力，讓角色變成屬於自己的特殊料理，散發個人的魅力。

記得曾有導演跟我說過，演員是載體，乘載著劇本的情感、表演的溫度、還有觀眾的喜好，也有人說表演能量不能太多，不能太重口味，要很中性或帶點模糊才性感，觀眾才能在觀影中帶入自己的情感，跟著演員貼近角色，體驗角色，感受故事與表演的美好。

想當個好載體，想要充滿想像力，就要用心的去生活、去感受、去犯錯、去失敗、接受被破壞。

我也是在當了演員之後，才認知到將感官打開是什麼意思，然後隨著每一次人生大事的發生，踏入什麼叫更認識自己的境界。除了工作要拍攝不同戲劇、飾演各種不同角色以外，隨著年紀增長，我的人生也在經歷不同階段，然後在這些過程中不斷地填補自己、填補劇本的角色，有時候更像是自己被角色填補、被人們療癒。而經過一次次的破壞與重建，就好像在拍打食材使之入味，讓我更像我自己。

吃點好料，繼續努力過生活

我從生活去體悟表演，從表演去體悟人生，扮演各種生命中的角色，還有各種劇本的角色，發現大家都一樣，都要嚐盡生命百味，嗆過、辣過、苦過、哭過、甜過、笑過、心酸過……才算好好活著。所以大家都不孤單，一起認真體會生活，讓「自己」這個食材保持新鮮，創造自己獨特的生活味道。

這本書記錄了一些我生命中的事件、以及對我影響深遠的人與料理，關於糾結的我，怎麼變得糾結，怎麼接受這些糾結，學習用儀式感去撐起生活，然後從每一次的期待中得到鼓勵，或從受傷中得到療癒。很多很多是關於我生命中可愛的人們和料理的故事，他們的料理填飽了我的肚子、長成我的血肉，而他們溫暖了我的生命，他們給予的愛更強壯了我的心靈。

希望藉由書中文字的這種表演方式，也能將溫度傳遞給大家，讓大家在努力生存與感受生活之餘，偶爾回憶起自己生命中那些關於愛的味道，當你忙翻了、累歪了，記得吃吃喜歡的東西、想著你愛的人們，填飽一點能量，讓這些味道給你慰藉，然後把關於愛與美好的記憶帶在身邊繼續努力地生活。

料理的開始

家的味道和愛早已刻進心裡

小時候即使挑食，
還是會走進廚房裡，
幫忙奶奶動一下鏟子，端端菜。
即使一度只用沙茶醬配白飯，
拒絕滿桌的好料，
然而，奶奶和媽媽們料理的身手，
以及一起吃飯的儀式感，
長大後才發現，
原來早已經烙印在心裡。

我不是職業廚師、也不算是老饕，但說到料理，我發現我的記憶中很常出現關於料理的回憶，記得小時候還是個常常被我媽叨念很挑食的小孩，往往這個不吃、那個不吃，自己都覺得誇張的是國中有一段時期，家人煮的所有菜都不吃，卻可以用一匙沙茶醬配一碗白飯解決一餐，覺得自己真的白目又挑嘴，這樣挑食的我，卻在長大後將家人的料理回憶深深地刻在心中。

因為很挑，當媽媽、奶奶在廚房忙進忙出的時候，我會晃進去看一下今天要吃什麼，喜歡吃的就幫忙翻一下鍋鏟、端個菜，不喜歡的就會碎唸：「吼，又是這些。」然後晃出廚房，這種片段常常上演，久而久之奶奶與媽媽料理的身手就刻進了我的記憶裡。

與美味串連的美好回憶

類似的記憶很多，小時候當長輩們都不在時，媽媽不用費心準備一桌菜，就會煮個泡菜麵或是鍋燒麵，雖然是用罐頭煮出來的，簡簡單單的料理，但卻是只屬於我和媽媽兩人的溫暖時光。還有，爸爸早上從便利商店買回來的熱狗堡，對睡眼惺忪準備上課的小學生來說，是一種「我懂你」

的友情與寵溺。

長大了之後，喜歡往外跑跟朋友混在一起，發現每個人的口味和價值觀都不同，也愈來愈知道自己喜歡什麼，也可以藉由喜歡的食物找到同好，例如大學時期，不管任何生日或節日，都跟火鍋有關係，尤其是鼎王麻辣鍋，是我和大學同窗四年來的最佳聚會場所。後來戀愛了，發現有人會一起跟你喝珍奶吃雞排、一起享受臭豆腐的臭，是多麼美妙與難得的關係，火鍋燒烤吃到飽是我們最常去的約會場所，一起幸福的變胖，再辛苦的變瘦。

用料理傳承幸福

兩人一起成長，在感情中學著付出，當情人變成愛人，進而變成家人與生命的另一半，那些關於愛的味道與回憶就開始浮現，讓我開始學著料理，就是希望親手為另一半做出好吃的味道，一起建構心中早已存在的家庭畫面。

那些畫面充滿味道，是因為它們充滿儀式感、充滿回憶，甚至有時候在自己料理的過程中，會因為既視感想起一些重要的人事物，想起我媽或奶奶在廚房忙碌的身影、排油煙機運轉聲漸弱時的期待感、或鍋鏟和鍋子碰撞的安心感、還有那些蒜頭、薑片爆香的味道永遠不變，以前是聽家人呼喊開飯，現在則是我喊著家人吃飯，都是一種幸福的儀式感。

而親手將料理端出，象徵著對家人的付出與溫暖，更簡單的說法是，每一道親手做的料理，都是關於愛的味道。

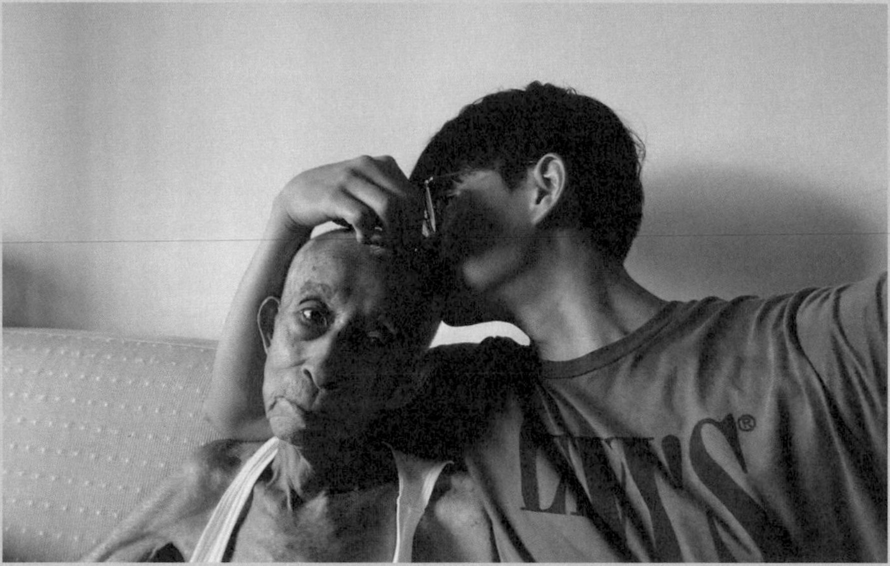

儀式感

來自爺爺的堅持與關愛

我會這麼注重生活的儀式感，
都得多虧了我的爺爺。
除了背書和禮貌的堅持，
影響我最深的便是飯桌上的一切。

家庭是用儀式感撐起來的，而我家儀式感的養成就要提到我爺爺，他在二〇二一年以九十一歲高齡過世，喜喪。請容我在書的第一章紀念一下我們家中的支柱、也是如守門人般的存在。

還好在他年紀大了輕微失智前，我會偶爾跟他泡茶聊天，才能將他的故事寫下來。

動盪時代下的鐵漢柔情

爺爺叫宗義，家裡是江蘇尤行村的榨油大戶，排行老么，上面有七個哥哥姊姊，聽說是備受寵愛的小少爺，家中有十幾個長工、又有傭人拉車去上小學，聽他說這些的時候可以感受到那種不可一世的驕傲，後來青少年時期經歷家道中落，動亂之下爺爺必須孤身來到台灣，跟著入伍變成軍人，在鹿港戀愛，為了追愛轉調到我奶奶的故鄉與她結婚，然後決定退伍改執教鞭拿鐵飯碗，最後是以國中老師的身分提早退休。

經歷過時代的變動，讓他的待人接物與教育淬煉得很硬派也很固執。

小時候爺爺對我們很嚴格，他教的科目是國文、公民與教育，在我小學時期會要求我背《三字經》，還要驗收，一週還要陪他喝茶聽他講道理

好幾次，每次都跟我促膝長談二小時以上，出門遇到鄰居要打招呼、有客人來要說誰誰誰好，講話不可以大吼大叫，還要我練習寫書法等等不厭其煩、不堪其擾的事情很多。對！我小時候超級討厭這些事，叫我的名字絕對沒好事，現在想想卻變成嘴角會微微上揚的回憶，而在他年紀愈來愈大後，跟他泡茶聊天變成是我難得可以陪著他的珍貴時刻。

爺爺特有的儀式堅持

來說說爺爺與餐桌有關的儀式感。

光吃飯，就有要求的規矩，

第一，飯菜煮好了要先幫長輩們備好碗筷、盛好飯。

第二，叫每一位在家的長輩吃飯。

第三，長輩未入座、未動筷，晚輩們不准入座自行開動。

第四，要夾離自己近的菜。

第五，公筷、公匙用完後要轉向餐桌中間，讓其他人好拿。

基本上有在公民課本上看過的流程，在我們家餐桌都會要求，當時身為小朋友代表 aka 長孫的我來說真的很厭煩，負責跑流程以外，還要實際執行。

雖然聽起來嚴格，不過爺爺其實對我的管教也已經寬鬆許多，聽著老爸對爺爺的抱怨，多少能體會以前的鐵血教育多硬。因為我老爸是長子，爺爺對他的管教特別嚴格，在那個還有體罰的年代，我爸承受的皮肉痛沒有少過，老爸小時候又特別反骨，曾經蹺家翹課去練武功，有次翹課的路途中，被騎著機車的爺爺當場撞見，爺爺一氣之下直接騎車撞他。或許是爺爺的求好心切，爸爸又不服管教，造成兩人巨大的反彈，讓仇恨值愈來愈高，他們的對立與仇視（真的是到仇視的地步），曾經是青少年時期的我不知道怎麼處理、也是我不想面對的煩惱，直到爺爺過世，才知道這些東西原來可以就這樣放下。

吃飯，無比重要

喪禮上放著爺爺舊照集結而成的影片，軍裝的外型媲美明星，雖然他身高不到一六〇公分，卻很瀟灑帥氣，我爸有流眼淚，印象中好像比我媽過世還難過，他們雖然曾經像仇人般避不見面，但在爺爺去逝前的幾年，他們父子倆有稍微放下成見，偶爾碰面聊聊天，應該有減輕那股遺憾吧。

看著爺爺參加我大學畢業典禮的照片，我的眼淚也停不下來，因為他的眼神充滿驕傲，而我不知道我對他來說是不是真的值得驕傲。

記得我考上大學去外地唸書後，爺爺是最關心我有沒有吃飽的人，回家會塞錢給我，然後常常提醒：「什麼都可以省，只有吃飯不可以省。」一簡單卻富含哲理，又充滿關愛的一句話。我直到成家後才能體會這句話給的能量有多麼深厚，為了家人著想，吃是最不能馬虎的一件事。

直到現在，偶爾在吃飯中將湯匙轉給其他人，讓同桌的人方便使用，想起小時候被爺爺教育過的那些儀式感細節，感覺是種浪漫，也是屬於我和爺爺珍貴的餐桌記憶。

家人同桌吃飯雖然傳統，禮儀雖然有時繁瑣又煩人，但因為這種「厚工」的儀式感，才能將回憶變得無法取代，讓每一個小小舉動都具有意義，也充滿溫暖。

這些儀式感的傳承，幫助我勾勒出家的輪廓。

爺爺，我永遠的支柱

爺爺對我很好，一直。

小時候他會騎著金旺載我去海邊玩，會在他的房間用泡茶的瓦斯爐煮水泡泡麵給我吃，一直苦口婆心的叫我考公務員，因為他覺得生活會很穩定，他幫我出一半的大學學費，在我要訂婚的時候幫我出聘禮，他在每個家人承受困難的時候當個支柱。

對我來說，他是很棒的爺爺，在他過世後我曾夢見他，搬張椅子坐在家門口乘涼，好像守門人一般。還有一次在夢中我緊緊地抱著他，牽起他的手然後跟他鞠躬很久很久，可能因為我很想好好謝謝他，跟他說我很想念他吧。

料理長

無聲的溫暖力量，養育一家子

我奶奶淑貞，
聽不到、也不會說話，
我其實覺得很驕傲，
因為這樣的障礙沒有打倒她，
還能認真面對生活與養育我們這些小朋友，
我奶奶超厲害。

據奶奶本人的手語敘述，是在小時候的一場高燒，燒壞了耳朵跟喉嚨，影響了聽力與說話能力，也因為當時的醫學不發達，沒辦法及時治療而造成了永久性的傷害，就這樣努力生活了八十多年。

我其實也幻想過奶奶的感官，如：味覺、嗅覺等等，會不會都像超級英雄般被提升，也想像過她只是假裝聽不到，某天會突然跟我們說話給我們驚喜！但其實人生沒有那麼離奇，直到我都三十多歲了，奶奶的身體也沒有因為醫學發達而出現奇蹟，仍舊無法說話，一樣努力的過著日子。

奶奶獨門的生活哲學

奶奶不是用正規手語，而是發明出屬於自己的一套手語跟人溝通，像是一種祕密暗號，只屬於我們家族的祕密暗號，從我有記憶以來，不會覺得不方便，反而覺得很酷。像是爺爺的代號是比個七放在臉旁邊，男生是撥頭髮、女生是比個耳環等等，其實有大部分的手語到現在我還是看不懂，但這種東西真的只能意會，不能言傳，有時候也很直接，餓了就摸肚子，渴了就拿空氣杯子、要人等一下就將食指舉起來晃一下。

除了手語，我一直覺得奶奶也發展出一套屬於她自己的生活哲學，不說與不聽其實是一種好事，更厲害的是聽不到，她卻也可以知道很多事。

在自己成年了，經歷過社會的歷練、感受到人生的壓力後，我更佩服我奶奶了，甚至偶爾會羨慕她的生活。覺得聽不到、不能說，有時候真的是好事，不會去煩心家人們的爭吵，聽不到就代表煩惱可能會比較少，單單純純的面對每一個她喜歡的人，開開心心的度過每一天就很好。

更讓我驕傲的是，奶奶並沒有因為身體的不便，而變得消沉或乖僻，相反的，她很樂觀與溫暖，跟她相處過的街坊鄰居都好喜歡她，雖然不能講話，但爸爸處罰我們時她會護著我們，最常跟爺爺吵架，還曾經見識到奶奶衝去廚房拿菜刀跟爺爺對峙的強悍一面。

雖然沒有言語的攻擊，卻善用各種肢體的反應表現，對於我現在的表演工作也算是種潛移默化的啟發（笑）。

專屬我們家愛的料理

其實真的不用說話，奶奶就可以用各種方式將愛的語言與溫度傳達給我們，料理就是其中之一，也是最有能量的一項，我們家裡的每一個孩子與孫子，都是被奶奶拉拔長大，每一個都吃過她愛的料理。

奶奶做的料理有時候很好吃，有時候很油，但是那傳統的味道歷久彌新，在記憶中愈陳愈香！很多具有儀式感的食物都是跟奶奶有關，寫下這些料理的同時，溫暖的回憶就湧上心頭，彷彿還聞得到她身上那股淡淡的，油與汗水、香水混合的「奶奶的味道」。

年節必備的炸獅子頭雖然偏油，但是紮實飽滿的好吃肉丸子，也是過年的味道。一大鍋薑母鴨與麵線，偏硬但油香的高麗菜，是我國中時期，寒冬補習回家的暖心記憶。因為家裡沒有烤箱，所以奶奶看電視土法煉鋼，自己模仿用平底鍋煎披薩，自己揉麵糰放上平底鍋煎、鋪料、灑上賣場買的起司絲，對當時身為小朋友的我來說很酷很潮很奢侈，另一方面又覺得奶奶想像力無窮。

再來自己包水餃、鍋貼還有搓湯圓，都是很常出現在我們家的儀式料理，有好幾個午後時光是我和奶奶、媽媽一起在客廳包餃子，費工一點的準備更會從餃子皮的麵糰開始做，擀皮、沾水、包餡、捏皺摺等等的畫面歷歷在目，回想起來都還能感受到濕潤的麵粉卡在手掌紋理與指甲縫的觸感，老舊吊扇不涼的微風、昏暗的客廳燈光，是與家人度過的美好痕跡。

端午節當然也會自己包粽子，我不喜歡吃肉，那奶奶就客製化將我喜歡吃的花生包好包滿。記得清明潤餅的備料很累人，一早就要跟媽媽去市場跑好幾個攤位，潤餅皮最熱門，排隊是以小時來計算，豆腐也要去空氣中瀰漫著濃厚發酵味的老店購買。

還有只要奶奶煮完綠豆湯，隔天就會下雨的家庭傳說。

點點滴滴的日常，就是幸福

每個奶奶與媽媽的小撇步，特定店家、特定的儀式，有時候就是要完成這些項目，料理才會好吃，跟編輯聊過才發現，這樣日常的儀式感很幸福。

跟奶奶的相處，讓我感受到純粹的善良，還有由內而外的溫暖力量，知道愛不需要語言就能傳遞，愛的付出可以如此的簡單，沒有語言、沒有聲音，只有觸碰和溫度，卻如此深植人心。

親愛的奶奶在二〇二二年的母親節前夕走了，雖然在如此具有紀念意義的時節離世充滿遺憾與傷感，但是我內心覺得圓滿、平靜，因為我知道奶奶去了另一個維度之後可以聽得見、也可以說話了，可以去喜歡的地方串串門子，可以交很多朋友，開開心心，漂漂亮亮。

謝謝奶奶給了這個家最飽滿的愛，我們家所有人都愛她，因為她是讓我們家每個人都吃飽、吃好的料理長，她是我們最親愛的奶奶，我們最愛的奶奶。

主廚

極盡寵愛我的浪漫女人

我老媽，名字叫麗霜，美麗的霜。
聽起來很美，
但現實的她人生有點淒美，
更讓我想記住每個美好的她。

我媽是個單純傳統的女孩，小時候家境不好，外公肝癌早逝，但姊妹們都很能吃苦，小時候就跟外婆四處打工。

年輕時的偶像是洪榮宏，追過星、參加過地方的小小歌唱比賽，雖然跟我分享她上台時都會發抖，但那是她年輕時發光發熱的樣子。可能我會進入演藝圈，多少是受到小時候聽她分享這些事情的影響。

喜歡日本，家裡時不時會更新的電子辭典，是她為了學習五十音而買的，雖然到她離世之前沒機會聽她說幾句日文，也沒有機會看她去上補習班，但記得她會在睡前用筆記本自學寫筆記的模樣很可愛。

喜歡帶我們去吃百貨公司的日式料理、喜歡看日劇，因為曾經欣賞阿部寬，而幫我們三兄妹冠上阿部之名，所以小時候家人都叫我阿部澤。

也因為喜歡日本，年輕時去日式料理店打工認識了我爸，結下了這段孽緣，生下了三個寶寶，然後開啟了她的人生修行之旅，就像她看過的日劇阿信一樣，淒美又苦楚的旅程。

遺傳自媽媽的浪漫體質

我媽也是個儀式感極大的人，只是跟爺爺奶奶不同，是比較屬於浪漫那一派的儀式，我對於節日的浪漫感受都是媽媽給的，他會在某個我生日的早晨把劉德華或周杰倫的CD放在我的床頭。特定節日會和老爸帶著我們兄妹去吃大餐，我還記得有好幾年都會專程去一間位於彰化的西餐廳吃飯，名字叫做藍色緯度，聽起來就很潮，創造一種只屬於我們的儀式記憶。

更有趣的是我跟我太太聊起這段往事，她說我們年輕約會時我有帶她去過，我自己則是忘了這段記憶，事實證明這種儀式記憶會影響著我，讓我帶重要的人去一樣的地方，算是遺傳媽媽的浪漫體質。

到現在成年了，才發覺我是幸運的，在家裡受盡寵愛，很多事情當下不自知，也曾經埋怨，到長大了之後才明白自己得到了很多，也才明白媽媽已經給了你最好的。

充滿驚喜的母子回憶

小學某次放學，媽媽突然帶我去買當時最流行的遊戲機，小小的驚喜讓我印象深刻，竟然會從媽媽的口中聽到問我要買什麼遊戲機。

後來升上高中讀外地的學校，有一陣子跟同學住在學校附近，結果讓我水土不服，在上課的時候發燒，學校打電話請家人來接，不會開車的媽媽騎了快一個小時的機車來學校接我，我那時候坐在後座，很感動，回家途中還順道買了市場裡的當歸鴨麵線，那個下午的一切感受我都記著，覺得我媽真的對我很好，真的很好。

大學時期跟同學組團，想買支不錯的 bass，回家跟媽媽提了，她毫不遲疑的就帶我去買了，雖然我知道家裡不好過，媽媽是用微薄的薪水在償還信用卡的分期，但我還是厚著臉皮的裝傻，那時候的小小罪惡感現在還存在著，我有時候會問自己，弟弟妹妹有跟我一樣得到那麼多嗎？當時樂器買了，我也沒有常常練習，如果沒買，或許媽媽就有多一點空間去做自己喜歡的事情？

年紀愈大就愈糾結，糾結當時不懂得對媽媽好一點，不懂得對弟弟妹妹好一點，這些選擇造成了遺憾和罪惡感。

而或許就是這些罪惡感，才讓自己變得這麼糾結。

也因為這些罪惡感和遺憾，我才更緬懷媽媽對我的好，也時時刻刻提醒著未來的日子，要記著對弟弟妹妹好一點。

她是我生命中的主廚，她料理了我的性格與血肉，母親的關懷與愛就像一道道的佐料與調味料，拍打在我這個食材身上，每一次母子之間的關心舉動，都讓我的個性更加完整，對人生的體驗更加入味。

屬於我們母子的料理回憶

我受我媽的影響很大，現在發現有一部分的思維跟她好像，例如在為家庭付出與料理的時候，浮現在我腦海中的都是我媽媽的身影。

我媽常常會帶我們三兄妹去家裡附近的三商巧福吃麵，然後跟我們說一碗湯麵的故事。

一碗湯麵的故事：

這是個來自日本札幌的小故事，時間是某年除夕當天，店家正準備打烊過年的那一刻，一個單親媽媽帶著兩個小學模樣的兄弟，三人在一間麵店前停了下來，並詢問老闆與老闆娘能不能只點一碗湯麵，因為時間特殊，店家不忍看母子三人受餓，於是收了這組客人，並偷偷加了半球的麵給他們，小兄弟很乖巧，還會分享給媽媽吃，但媽媽總說不餓，讓小兄弟多吃點，店家感受到媽媽的辛苦、看著他們吃得津津有味卻也充滿幸福，在三人離去前，店家充滿朝氣的對他們祝福「謝謝！新年快樂！」

又隔了一年，媽媽穿著一樣的大衣，在同一時間帶著兩個小孩又來到這間店，一樣點了一碗湯麵，老闆娘偷偷要老闆煮三碗給他們，但老闆說不想讓他們感到不好意思，卻又多丟了半團麵條進去煮，仍然是充滿朝氣的祝福「謝謝！新年快樂！」

就這樣過了幾年，這組客人都會在過年的這個時刻前來，後來小兄弟上了中學，一碗湯麵變成兩碗湯麵，母子三人分食的幸福模樣被店家深深的記著，因為母子三人互相扶持，小孩也相當孝順，這個小故事因為老闆娘的分享在當地被傳了開來，他們坐的位子不知不覺被稱做「幸福的桌子」，街坊鄰里會在過年期間去朝聖那張桌子，等待三人出現的模樣。

雖然從某一年開始，母子三人就沒有再出現了，但店家還是習慣在過年期間將「幸福的桌子」放上預約席牌子，希望他們出現的時候能有位子坐下，並吃上一碗熱呼呼的湯麵。

又過了數年，店家漸漸發展起來，生意愈來愈好，某年的除夕客人絡繹不絕，店內已經客滿了，這時出現兩名青年與一名婦女，詢問是否還有位子，店家原本想回絕，老闆娘卻發現這就是「一碗湯麵」故事的母子三人，兩兄弟已成年，母子三人看上去精神奕奕，「幸福的桌子」預約席牌子被拿了下來，店裡知道這故事的客人都屏息著，注意著母子三人，媽媽緩緩開口：「可以麻煩……給我們三碗湯麵嗎？謝謝。」

「好的！新年快樂！」老闆娘感動又充滿朝氣的回應著。

「謝謝！新年快樂！」老闆含著淚喊道。

後來兄弟兩人向老闆娘道出，十幾年前因為家中發生變故，父親過世欠債，母子三人受難搬回家鄉，過年期間因為店家願意收下他們，並在一碗湯麵裡面加了麵，小小的舉動與鼓勵，被三個人牢記在心，並撐了下去，直到長大了三人還是忘不了店家的溫暖，並約好在成人之後回來做一件奢侈的事情，就是點上三碗湯麵。

這個故事我記得很久很久，讓我知道人要懂得感恩，要互相扶持。媽媽也覺得我們跟故事的主人翁很像，生活並不順遂，雖然不到艱苦，但還是必須咬牙認真的生活下去。每次想到這個故事，都讓我覺得苦澀又帶點浪漫，確實，覺得不舒服的時候，只要吃上好吃的料理，讓身體感覺舒服一點，然後好像又有了力氣繼續撐下去。

RECIPE

【白菜獅子頭】

我們家年節必出現菜色 aka 奶奶的拿手菜 aka 酥炸的肉丸子，因為奶奶的料理手法比較油，後來我改良成較為清淡的白菜獅子頭。

材料 （4 人份）

豬絞肉 300g
蔥 1 把
洋蔥 1 顆
板豆腐 半塊
白菜 半顆
紅蘿蔔 1/4 條
香菇 2 朵
柴魚片（或鰹魚片）
10~20g

肉丸醃料
薑泥 適量
紹興酒 適量
醬油 適量
鹽 適量
白胡椒 適量
低筋麵粉 適量

作法

1. 將蔥切成蔥花（愈細愈好）、洋蔥切成碎末，香菇切片備用，板豆腐先壓出水分備用。
2. 將豬絞肉混合蔥花、洋蔥碎、板豆腐，加入薑泥、醬油、紹興酒、鹽、白胡椒、低筋麵粉，然後開始摔打。
3. 摔打至拍出空氣與筋性，直到開始有黏性，可以捏成肉丸即可。
4. 起一鍋水 1000c.c. 煮滾，放入柴魚片（或鰹魚片），熬成高湯，其實雞高湯也行。
5. 熱鍋下少許油，將肉丸下鍋煎，煎至表面上色後起鍋備用。
6. 原鍋下白菜、紅蘿蔔、香菇稍微炒軟炒香，然後鋪好食材放入煎好的肉丸，倒入高湯後蓋上鍋蓋用中火蒸，蒸至白菜軟透即完成。

RECIPE

【綠豆湯】

我們家夏天最常出現的消暑點心，家裡人多，所以奶奶或媽媽一煮就是一大鍋，小學放學回家打開冰箱看到綠豆湯就很開心，直接盛 2 碗來喝，超級滿足。現在變成我煮之後，有時候會同時煮一些黑糖寒天，切碎放到湯裡增加口感。

材料 （4 人份）

綠豆 2 杯（米杯）
水 1000c.c
砂糖 40g
冰糖 10g

黑糖寒天

市售洋菜 10g
水 1000c.c.
黑糖 50g

作法

1. 將 2 杯的綠豆清洗過後，用等比例水量（2 杯水）先泡著，然後進電鍋蒸。
2. 將洋菜剪小段先放入冷水鍋中，同時將黑糖倒入並攪拌至融化，浸泡約 10 分鐘左右。開火將洋菜煮至融化，待稍微冷卻後放入模具或直接連鍋子冰起來。
3. 鍋內裝 1000c.c. 水煮滾加入砂糖與冰糖，一邊攪拌一邊熬煮成糖水。
4. 將蒸好的綠豆與糖水混合，用大火熬煮 10~20 分鐘，再轉小火燉煮 20 分鐘即完成。
5. 食用前從模具倒出配綠豆湯食用，或切碎倒入綠豆湯中均可。

RECIPE

【黃金炒飯】

我國中時期看當時美食節目的教學，自己獨立完成的第一道料理。為什麼叫黃金炒飯？因為他很厚工的要先將蛋黃與蛋白分離，然後將蛋黃和在米粒上，炒出來的米會呈現金黃色又粒粒分明，料不用多，就可以吃到簡單的蛋香與米香。

材料 （2 人份）

隔夜飯 2 碗
雞蛋 2 顆
蔥 1 根
鹽巴 適量
黑胡椒 適量

作法

1. 將蛋黃與蛋白分離備用。
2. 將分離出來的蛋黃直接放在隔夜飯上，攪拌均勻直到米粒均沾附蛋液。
3. 蔥切蔥花備用。
4. 熱鍋下油，將蛋白先炒好撈起備用。
5. 原鍋再下少許油，將蛋黃飯下鍋翻炒，炒至金黃色，即可下蛋白與蔥花一同拌炒，最後下鹽巴、黑胡椒即完成。

RECIPE

【醃小黃瓜】

我媽很常醃小菜，小黃瓜和大頭菜是我們家常出現的醃漬小菜。有時前一天晚上醃好，隔天早上就會變成粥的配菜，非常下飯，而且冰涼開胃，不管當配菜或者是單吃都非常美味。

材料 （3～4 人份）

小黃瓜 3 條
辣椒 半條
蒜頭 3 瓣
香油 約 1 茶匙
白醋約 10ml
砂糖 10g（與白醋等比例）
黑醋 1 湯匙
鹽 2 湯匙

作法

1. 將小黃瓜洗淨切片，然後放入容器中灑適量鹽（約 2 湯匙）攪拌均勻，靜置約 15 分鐘殺青去澀味。
2. 將辣椒、蒜頭切末備用。
3. 小黃瓜釋出的水份倒掉，將表面鹽分洗淨瀝乾。
4. 用手將小黃瓜多餘水份捏出。
5. 將小黃瓜、辣椒、蒜末、放入保鮮盒中，然後加入白醋、黑醋、砂糖、香油後攪拌均勻，放入冰箱醃製一個晚上即完成。

彥澤小提醒

・害怕醋味太重的人，除了自己增減用量之外，也可以先將白醋加熱煮滾約 1 分鐘，將醋味稍微煮散，只要記住加入等比例的砂糖拌煮均勻即可。
・黑醋則是看個人口味，可加可不加。

CHAPTER 2
受傷也是一種成長

長大過程中，愈來愈無法理解的爸爸，

和媽媽一起辛苦打工的回憶，

終於踏入演藝圈卻迷惘的當時，

還在表演中摸索，加上媽媽罹癌的打擊……

雖然痛苦、即便受傷，但現在回想起來，

都是造就現在的我的最佳養分。

浪漫派顧客

爛漫父親，讓我成為更好的自己

說到我爸，其實不知道怎麼下筆，他太浪漫了。雙魚座，所以我常用雙魚座很浪漫來形容他，有時候是爛漫。到現在我才發現爸爸是個始終如一的男子，始終像個青少年的男子。

小時候爸爸很兇，但到了我少年時期覺得他很酷，因為他常常對我說不會跟爺爺管教他的方式一樣對我們，會尊重我們讓我們很自由的發展，只要我們健康就好，跟我的關係就像當朋友一般，沒什麼教育上的壓力。

脾氣火爆，小時候練過武功，所以會常常說出跟人家打架一定會贏，甚至不小心就可以把人幹掉的這種話，我相信會贏，但覺得沒必要炫耀。

是個路怒族，不管開車騎車都一樣，會對惹到他的對象當場飆超厲害的國罵，常常讓同車的我們又驚又怕。在高速公路上，會加速到對方車子前方然後緊急煞車嚇對方，以表達他的不滿。

年輕時曾被爺爺要求上台北拜師學藝，花二週學煮牛肉麵，回家鄉開了幾個月就收攤，當時的我還在襁褓中，會跟著放在店裡顧店，聽媽媽跟我說這段往事，我還幻想過某個多元宇宙中我會是牛肉麵店小開。

很會玩夾娃娃機，不太能丟他的東西，包括娃娃機夾到的一些不知道用途的物品。

曾經為寺廟的神明服務過，服務了很長很長的一段時間，還當過乩身、說自己抓過鬼……

總之，這方面的經歷非常多元，因此常常晚上不在家，都是在廟裡，週日也因為要去進香很常不在家，因為太常處理廟的事，建立起我們跟民俗文化的深厚緣分。而我小時候也跟著爸爸常跑廟宇，聽過不少事情，看過不少人，所以我從小就了解信仰不是壞事，但也知道不能過度迷信。雖然為神明服務，但脾氣仍然火爆，後來經歷一些人生低潮，會常常聽到他說出比較負面的話語，例如：「乾脆全家一起去X、或乾脆怎麼樣怎麼樣……」來表達怨恨與不滿。

還好他沒有真的讓理智線斷裂，不然我可能就不會在這裡用文字跟大家碰面。

他，就是這樣的人

接下來我會用浪漫這個詞，去形容我對他的記憶與感受。

因為浪漫，他會跟我媽結婚。

因為浪漫，他會罰我蹲馬步，教我打拳。

因為浪漫，他會騎一小時的野狼檔車載我去看午夜場電影《凡赫辛》。

因為浪漫，他會為神明服務，認識很多朋友。

因為浪漫，他會熱心為朋友解決家務事。

因為浪漫，他會時常讓家人覺得重心都在外面的朋友身上。
因為浪漫，他會常常跟老闆吵架，常常換工作。
因為浪漫，他會沒那麼注重理財，導致家中經濟出現狀況。
因為浪漫，他會不斷的拒絕自己的父親，他不想受他影響。
因為浪漫，他會離開家十幾年，因為爺爺拒絕幫他處理問題。

記得那時我國中，家裡常常接到所謂的尋人電話。

那個時候的我學會了演一點戲，我會在電話裡裝可憐，說他們要找的人離家很久很久，都沒有聯絡、不知道去哪，有時候成功地感受到對方的憐憫，這種保護的欺騙竟然讓年紀輕輕的我有點成就感，心跳加速又刺激。

我爸其實會回家，但就像個顧客一樣，不會住下。偶爾拿個生活費給媽媽，回來跟我們聊聊近況。但只要看到爺爺在家，就好像磁極的同性相斥一樣馬上彈走，一刻都不會多待。永遠就像月球是地球的衛星一樣，會圍著我們轉，但就是保持一種浪漫的距離。

他常說我們的功課和未來我們自己負責，因為他相信我們自己都會有想法，他只要我們平安健康就好。聽起來是很自由開放的教育方式，確實也因為這樣讓我們的成長加速獨立。

一個孩子對父親的期待

曾期待著他會回家，後來跟著媽媽一起失望，然後變成習以為常的無奈，時間一久，那些原本像朋友的相處，對我來說慢慢都尷尬了起來。

在心中變成了隔閡。

隨著時間推進，我愈來愈了解這個浪漫派的人了。

明白他的內心仍然像個青少年一樣，個性與思考模式都很衝動直接。知道他一直以來始終如一，一直都很單純善良。也慢慢了解了，那些他處事的浪漫與一派輕鬆的態度，比較像是逃避責任與面對現實的無力，我們兄妹懂事了，面對現實、理解現實、接受現實，感受到所謂的現實原來如此。

我開始討厭這樣子的浪漫。

我不想成為這樣子的大人。

父親帶給我的成長體悟

在一次跟朋友的聚會中，在場剛好有心理輔導經驗的朋友，莫名聊到原生家庭的影響，我不小心表露太多負面的情感，去表達我盡力想避免的樣子，這位朋友突然提醒我要學著放下，因為當這樣子的心結太深，自己就愈會成為自己不想成為的樣子。

我突然矇了，這種感覺就像是當頭棒喝一樣。原來自己愈排斥的，其實早已被深深影響著。我曾不以為意，不在乎人們常說的原生家庭影響，覺得自己很自制不會重現，但這樣子的傲慢與拒絕，其實就是一種逃避，而且帶著我不想成為的浪漫影子。我跟我爸做的事情一樣，就是不斷的拒絕。

從那時開始，我試著學習去接受並改變我對這個顧客的看法。因為成年的我很糾結，我想原諒、但內心深處還是存有討厭，我只能學著將既有的事實看作一個單純的存在，用浪漫這個詞來概括一切。可能會比較好過一點。

直到現在仍在慢慢學著釋懷，不能要求我爸去改變，就像我們自己也不喜歡被人要求改變，改掉習慣本身就是一件很辛苦的事情，而違背天性的變成另一個人更是痛苦。

我學著用側寫角色的方式去理解他的感受。爸爸浪漫的個性很辛苦，在他小時候被自己爸爸霸凌著改變，天性自由被現實逼著改變，被三個孩子提醒著改變，最後被太太的病痛強制改變，感覺所有的事情都在改變他，而事實是他自己也在消極的反抗著、拒絕著一切。

而我在有了孩子之後，開始面對不一樣的家庭生活，發現其實自己也被困住了，我給了自己的框架，就是那句「不要成為這樣子的人」，時常在我心裡浮現，就連「改變」、「原諒」都是自己給自己的詛咒。

有時候甚至不想變了，覺得或許跟我爸一樣，浪漫的逃避也是種方式。

終於，成為更好的自己

在這麼糾結的抗爭之中，我妥協了。

接受它，接受這樣子的不改變。

因為學著接受浪漫派顧客，我開始學會檢視自己，然後學著與浮現的負面共存，因為這個負面陪了我一段日子，有時憂鬱的讓我脆弱，但睡了一覺後，又覺得會讓我更強大。

看到想浪漫的自己，就時時提醒自己務實一點，面對問題、解決問題。有時候讓子彈飛一會兒，不要急著改變。或許會轉彎，沒事了；或許打穿了身體會更痛，但會復原；或許子彈永遠停留在刺穿皮肉前的那一刻，要永遠凝視懸在那裡的不安與緊張；或許會打在意想不到的地方一了百了。

每一段時間都會有新的體悟。

因為遇到了浪漫派顧客，我學會不斷地跟自己對話，不斷地提醒自己不要被框架限制。其實都是在跟自己說，要成為更好的自己。

浪漫派顧客，謝謝光臨。

我還是會說，歡迎光臨。

吃你的吃我的巧福生活

媽媽教會我的，關於愛與家人的一切

我媽的一生就像是場華麗的冒險，嫁來我們家應該是她生命中最艱苦的修行旅程，如果要形容的話，就像是地獄廚房的磨練吧。

媽媽是家族中的長媳，要做的事情很多，又有軍教背景的爺爺在家做主，所以傳統的持家工作稍微又更辛苦了一點，奶奶也是傳統的女性，所以兩個女性都很認份的為家庭撐著。

從我有印象開始，就知道爸媽和爺爺的關係很差，因為爺爺討厭爸爸，所以就連我媽他都連帶討厭，這時候爺爺軍人風格的態度會讓人喘不過氣，脾氣溫吞的媽媽偶爾還是會跟爺爺吵架，而我們兄妹三人也都曾經為了媽跟爺爺起過爭執。

那時候覺得我媽嫁到我家很辛苦，說不定某個平行宇宙她會嫁得更好，沒有我們也沒關係。

一肩扛起養家責任的女人

我媽不聰明，家裡經濟出狀況的時候，我們曾勸過她離婚可能會比較輕鬆，但她放不下我們三兄妹。於是家庭主婦決定二度就業，扛起家中的重擔，她選擇去三商巧福打工，就是當初跟我們兄妹分享一碗湯麵故事的地方。

老媽從二〇〇二年到職，做到二〇一六年因病離職，在巧福待了將近十五年。

謝謝三商巧福這間麵店，養活了我們家，填補了我媽人生最後很重要的一部份，也給了媽媽很多的體驗。

一開始聽媽媽分享二度就業的壓力、想要轉正職的努力，還有要學收銀等新事物的緊張。到後來看到店長能放心交付任務給她，常常被後輩們請教，還尊稱一聲大姐，然後成為鹿港店最有資歷、人緣最好的員工。因為待了很久，經歷過很多任店長，有不爽過、當然也開心過，慶幸遇到了很多好人，交了幾個好朋友，還和他們一起出國去玩，更代表鹿港店領過企業最佳服務精神獎。

謝謝巧福，讓我媽的人生精彩了一點，這些是我們家人沒辦法給她的體驗。

其實我很驕傲，也很心疼，心疼的是她真的一直都在服務家人、服務客人，但是好像都沒有被服務過，或是說我內心內疚的那一塊，是沒有讓她享受到吧。

就這樣日復一日、年復一年，媽媽在三商巧福待了十多年，在這裡有了很多回憶，將她打磨得很美麗。

我仍然會想起她在內場煮麵出餐、在外場忙碌的送餐身影、在餐檯點餐的台灣國語、還有午休時我去找她，我們一起吃飯的場景，因為想深深記著我媽努力的、美麗的、可愛的樣子。

守護著家的孤單身影

忙碌讓時間變得很快，轉眼間我們都長大離開家了，弟弟妹妹去外地唸書，我在台北工作，爺爺奶奶在叔叔和姑姑家輪流住著，而浪漫派的老爸一如既往的偶爾出現。

有一陣子鹿港家裡，只有我媽和一條臘腸狗而已，那一陣子我媽的生活彷彿只有工作，或許工作給了我媽一個重心，讓她有理由忙著、撐著，直到倒下。

媽媽是排班制，有時候上完早班，回家休息幾個小時就要起床去上晚班，偶爾我們這幾個小朋友或長輩回家，她還要在上班前張羅大家的餐點，怕我們肚子餓。那段時間我週末休假回家，跟媽媽的相處時間都不長，如果她不在家，我就會去店裡看看她，順便吃吃飯，有時候則是在收假要離家前，才在巷口遇到剛下班的媽媽，然後為了趕車，也只能隨便聊幾句就離開。

有次收假，我一樣要趕去搭車，剛好碰到媽媽正起床準備要上班，一樣的跟媽寒暄幾句就出門，突然之間鄉愁使然，關上門前我轉頭想多看她一下，結果那個畫面，讓我到現在還難以忘懷。

我媽穿著橘色制服配上黑色工作長褲，一個人坐在沙發上，吃著早餐剩下的三明治當晚餐，天色很昏暗，客廳的燈光也很昏暗，她看起來好累，雖然旁邊有狗陪著她，但我覺得這個家好冷清，我媽很孤單。

然後覺得自己很過分，竟然就這樣關上門離開，只是這樣，但好像也只能這樣。

每次回憶這個畫面，我都會鼻酸，心酸當下沒有能力給我媽很好的生活，自責當時沒有勇氣多說什麼，或多做什麼，只能很自私地顧著自己的生活，然後轉身離去，回台北後也沒有常常打電話關心她，有時候甚至是敷衍地講講電話而已，怪年輕時的自己還不懂珍惜，所以只是這樣，好像也只能這樣。

媽媽，一直都在

後來我很怕去感受這股要離去前的鄉愁、憂愁或捨不得。

但是這種感覺會讓我記得要多關心當下，關心身邊所愛的人，一直捶打內心的酸楚與不捨，好像也推著我前進，伴隨著我成長。

然後提醒著我，有機會要多和家人一起吃飯，

只有五分鐘也好，也能多累積一點幸福，消除一點內疚。

我媽媽不聰明，用盡所有力氣去撐著家，也用著她的全力愛著我們，毋庸置疑。

她與浪漫派爸爸的相遇，讓我對婚姻和愛情有著深刻的體悟。

我相信兩個有缺點的人相遇，一定會一起成長，一起扶持。

但是少了互相，讓生活失去了平衡，有人逃避、有人忍耐，全都是傷害。

媽媽雖然將忍耐的傳統美德發揮的淋漓盡致，但真的犧牲了很多。

但是謝謝媽媽沒有逃避、沒有放下我們，不管怎樣，她都在家。

青春的半吊子

摸索、探索與跌撞，更確定我的理想

青春很閃耀，
也是大部分人的珍貴回憶。
我小時候嚮往過明星光環，
五歲就跟我媽說過我想當明星。
後來回顧我到現在的人生，
跟這方面的關係還算頗有緣分，
雖然斷斷續續的，
但每一個時期都想要展現一些自己的
什麼，卻又沒有勇氣真的去展現，
一直以來，
都覺得自己少了熱血與積極。

開始有自我的選擇權是在高中，參加過話劇社，卻發現沒有人看話劇，我就轉社，因為覺得樂團很帥而轉去流行音樂社，看到樂團主唱是眾人目光的焦點，就去爭取主唱，結果我還真的爭取到了主唱，後來要練團覺得麻煩，於是常常翹社，歌也不練、樂器也不練，還給自己一個藉口，說不是自己真正想要的，草草表演過幾次就退社了。

別人的青春都很熱血很積極，我卻發現自己的青春很不坦率，還很三心二意。

可能只想當花瓶，想當帥學長，忙著談戀愛吧，結果追求熱血的青春期變成一個半吊子，然後高中畢業後只能緬懷自己逝去的青春，應該要好好的體驗、跌倒，然後盡全力的試著發光。

大學時期的我更廢，沒有目標，漫無目地的念了四年書，想轉系後來還放棄，畢業後也將知識還給了老師。

這段時間發現自己必須要長大，卻又抗拒著不想長大，不想太早面對現實的社會。

熱血青春初體驗

但最寶貴的是跟朋友真正的組了樂團，練了幾首歌，也在系學會活動表演過，參與規劃迎新的大地遊戲，打了校際盃的排球比賽，雖然這個時期的我不想太受注目，還自稱系上的邊緣人，但是這群邊緣人為了打發無聊聚在一起，才稍稍體驗到了熱血的青春是什麼。

而接觸到影視的表演，也是在這段時間埋下的機緣。畢業前等當兵，無所事事，剛好聽到我表姐在當模特兒，就跟姊姊請教，看著網站上的 Model Card，發現原來變成模特兒的管道這麼簡單，內心深處仍然有股想要展現自己的衝動，簡單來說，還是想要受到注目、想要紅吧！

於是開始在台中找模特兒公司，找到了稀有的幾間，評估後就寄了自我介紹，然後很簡單的就碰面，聊合作聊簽約、付錢拍了形象照、跑了各種試鏡。一切看起來煞有其事，覺得開始接觸到光鮮亮麗的明星工作，這段期間的每一刻都讓人興奮，每一次接到工作通告，好像觸動到內心熱血的那一塊，心裡都會癢癢的。

但很快的也感受到社會的現實，了解自己的不足，一次又一次的試鏡失敗，雖然會打擊自信，幸好自己知道當時屬於玩票性質，仍然開心地去等待每一個機會。

當時中部的資源不多，影視相關的工作少得可憐，所以只要難得有劇組來中部取景，需要群眾演員的時候我都會參加，就算知道自己是臨時演員，但是想到能接觸自己喜歡的環境與工作，都覺得非常寶貴，好玩又可以賺零用錢，其實還挺懷念那時候的樂觀與熱血。

可能宇宙也想讓我學習吧！覺得當時自己外型算不錯又敢表演（哪裡來的自信），有幾次參與校園劇的拍攝，都被導演安排為主角身邊的好同學。

我突然覺得我等級提升了，從臨演同學，變成了特約演員，還因為劇情需求，跟著劇組跑去宜蘭拍攝，好像變成劇組的一份子，被認同了。

這段難忘的拍攝經驗，讓我認真的接觸到了片場文化，雖然體會到辛苦，卻隱約發現自己對這個行業的細節還算敏感，自己應該是喜歡影視相關的工作吧！

在演員這行埋下種子

有了被認同的成就感，對於這份工作的幻想都會讓我飄飄然，當時蔡岳勳導演的《痞子英雄》電視劇很紅，我和我老婆（當時是女友）都是忠實觀眾，我曾經半開玩笑地跟我老婆說，我現在是模特兒，如果痞子英雄拍續集，有機會我一定要參與。

後來痞子英雄電影版真的開始籌備，劇組在全台各地試鏡演員群要受訓拍攝，想當然而我也去試鏡了，還表演一套我爸教過我的拳法，但可惜的是，沒有錄取消息。

再次提到，宇宙真的會給你機會。

當時第一批受訓完的演員在拍攝中受傷，選角尋求試鏡過的人頂替，要求是能配合剃平頭，又能馬上下高雄拍攝的人直接錄用，而因為我表演過拳法，所以選角對我有印象打電話詢問我的意願。

這是什麼奇妙的緣分？心想是多麼剛好的安排，反正等當兵頭髮遲早要剃所以無所謂，大學畢業閒閒沒事剛好有時間，毅然決然地決定參加。

雖然電影拍攝真的異常辛苦，我也沒有完整露臉，但這段回憶對我來說太有趣了，那是我第一次實質參與正規的電影拍攝。

結束了幾天的拍攝，仍然意猶未盡，謝謝宇宙回應了我的許願，還安排了當下適合的使命給自己，冥冥中奠定了我對演員這個行業的嚮往。

保有熱情與穩定生活的平衡

然後收到兵單，老老實實地去當兵。

自願海軍儀隊，仍舊嚮往光鮮亮麗。

一年後退伍了，我被磨的老老實實。

軍旅生涯雖然無趣，但確實讓人成長了許多，會讓我想家，會讓自由的片刻變得珍貴，日常的美味變得難得，然後讓人變得很認份，知道要接受現實，追求穩定的工作與生活。

退伍前藉由學弟的介紹，去了一間文創公司工作，文化創意聽起來很藝術，也真的跟藝術有連結，我抱持著希望，覺得有機會接觸到影視工作，又能領穩定薪水，那就試試看吧！

結果發現藝術跟數字脫離不了關係，我做了一年的文書工作，沒有跟藝術相處到多少，反而跟數字共舞整夜。沒有接觸到喜歡的影視事業，辦公桌沒辦法給我成就感，一度失去了熱情與方向，雖然知道生活需要穩定，但我發現我不能沒有熱情，所以決定離職。

這次是當兵的學長介紹，我去當了保險業務員。

考證照很上手，做業務很難，可是團隊很凝聚、很熱血，成功的前輩們不斷散發信心與熱情，激勵年輕人相信自己，相信著自己只要願意努力沒什麼不可能，我也跟大家一樣在台下深受感動地用力鼓掌。

正當我滿懷熱情，考完基本證照準備要踏入這份事業的時候，韓劇《來自星星的你》熱潮也同時襲捲全亞洲，都教授、外星人、千頌伊是當時的熱門話題，節目、戲劇爭相模仿。

這顆星星就像隕石一樣，墜落在我的生命中，然後爆炸。

來自星星的誰

是台版都教授，
還是盧彥澤

當《來自星星的你》紅遍全球，
我因為神似的外表，
有了不少露面的機會，
雖然回到螢光幕前，
但是隨之而來的標籤與聲名之累，
卻讓我開始不安。
我是真正的藝人嗎？
還是只是山寨的假貨？

《來自星星的你》，由金秀賢與全智賢主演，二〇一三年播出，在二〇一四年引起全世界討論的現象級韓劇作品。劇情是講述一名深居地球四百年的外星人男主角都教授，遇到了女主角大明星千頌伊，然後發生愛情的過程中，不同星球的兩人要消除彼此之間的誤解，克服危險追尋真愛的浪漫愛情喜劇。

當時的我膠原蛋白還未流失太多，跟飾演都教授的金秀賢有一點神似，自己一開始還沒有發覺，而是以前的同學看完劇來跟我說，連老婆的朋友也這麼覺得，到最後我們看了劇，另一半也覺得有那麼一點像。

我覺得很酷，就開始把髮型用得跟都教授一樣，剛好業務員要穿西裝，跟劇中都教授的形象又更像了，我還沾沾自喜，笑稱會不會增加我的業績。

這時候又覺得宇宙還是要我走在這條路上吧！

重燃內心嚮往的偶然機會

某天跟朋友穿著西裝走在忠孝復興捷運站地下街，被當時經紀公司的經紀人看到，他們剛好在地下街進行臉書拍照打卡點讚活動，經紀人看到我很像韓星的模樣就追了上來，要我幫忙拍照點讚，重點是跟我留下聯絡資訊，因為他覺得有機會可以發展，拍拍廣告之類的。

身為業務當然沒有什麼不可以，就留了聯絡方式，然後約了時間到公司碰面。雖然聽起來像詐騙，又有種被星探路邊相中的感覺，讓我心裡飄飄然，好像有了被注目的機會，可以跟內心嚮往的那一塊有連結，慾望讓熱血衝上了腦袋，決定跟對方碰面。

這顆星星砸了下來。

一開始的會面很愉快，讓人充滿希望，公司展現出誠意決定栽培我，也願意配合我的規劃，當時的我覺得可以雙方並進，跑保險業務之餘還能接接廣告賺賺外快，跟老婆討論完也尊重我的想法，很快就確定合作。

一切都很新奇又充滿希望，簽下合約後，很快的第一個試鏡機會來了，是中華電信 MOD 的廣告，因為要在平台上熱播韓劇，要模仿都敏俊和千頌伊的形象拍廣告。

還記得進入試鏡間的時候，我的相似度讓選角很驚訝，結果非常順利，我的第一支廣告雀屏中選，大學時期的模特兒試鏡都沒有如此順利的結果，順到難以想像。

廣告開拍了，經過一點特殊化妝後讓我與當紅外星人又更像了，那時看著工作現場，一度覺得夢想如此接近，既滿足又興奮。

廣告播出後，客戶好像對於成果感到非常滿意，預算下得很足，鋪天蓋地的行銷，連實體店面都看得到我們的海報，只能說效果絕佳。

我應該也算是人們口中所謂的「爆紅」吧！

市場上開始注意到我這個人，應該是說，注意到這個都教授。接著台版都教授、台版金秀賢的名號隨之而來，讓我很興奮、很期待，工作與媒體採訪的邀約不斷。

當時公司為了行銷，還跟媒體說我的月收入因為都教授暴漲到五十萬，雖然被美化了數倍，也知道為了點擊率、新聞熱度，這種操作很難避免，就算心裡不舒服，我卻也厚著臉皮接受了。

或許我也期許自己可以達到這個目標，當時的我被這股念頭催眠的飄飄然，失去了判斷，抱持著過分的樂觀期待著。

在不安與尷尬中繼續扮演都教授

看過詩人潘柏霖的一段文字，寫著：「如果你每天死掉一點點，你就可以活下來。」

我覺得我好像為了追夢，開始死掉一點點的自己。

更離奇的操作接踵而來，本尊金秀賢竟然要來台宣傳，公司當然不會放過這個機會，與我討論是否到機場接機，創造與本尊相見歡的機會，目的很明顯就是要蹭本尊熱度。一開始的我很抗拒，不如說到現在我想到這件事情還是抗拒著，我最不喜歡的就是蹭。但是當時的我被公司說服了，雖然不太舒服，但頭洗一半了只能硬上，我發現我好像又死掉了一點點。

金秀賢抵達當天，我去了機場，在眾多媒體與粉絲的包圍下粉墨登場。以行銷結果來說很不錯，創造了新聞點，更多媒體注意到了我。以我個人來說，整件事太尷尬了我過不去，我覺得不尊重本尊，也不是我想要的；以粉絲角度來說，這哪位？搞屁啊？或許這些態度是我的想像，但換位思考，我也不喜歡別人這樣蹭自己偶像熱度，如果又是故意為之更過分。

這件事之後，我明顯感覺到部分金秀賢的粉絲不喜歡我，網路上開始出現負面的、討厭我的聲音。我開始不安、開始擔憂，我知道我不是模仿，模仿是一種表演的技巧，是能被尊重的一種技巧，金秀賢之所以是金秀賢，是因為他很會表演，他將角色活生生的創造出來。

當時的我連表演是什麼都不知道，我只知道我這樣的狀況叫山寨，意思是假的、沒有品質。

抗拒的心情開始浮現，但我好像為了追求熱度與虛名，仍在隨波逐流，模仿金秀賢的工作仍然不斷，我仍在繼續當著台版都教授。

台版都教授爆紅之後

這個來自星星的是誰？

我是誰？我有什麼價值？

讓別人注意到的，是台版都教授、台北金秀賢，那……盧彥澤呢？

我開始勉強自己，硬撐著應付每一份假裝都教授的工作。心裡不斷地想要撕掉這張標籤，想要快點證明自己是盧彥澤。但這標籤又大又響亮，還很黏。

這張標籤讓我博到了些許名氣，也讓我更糾結於如何呈現自我，這樣的機會或許是跳板、也或許會讓我墜入無知的深淵，但更重要的是讓我知道，我必須要創造自己的價值，除了想讓別人認同，其實是想讓我自己認同我自己。

康熙來了是當年收視率很高的節目，主持人是小S與蔡康永，兩個人的訪問辛辣犀利又幽默，很受觀眾喜愛，重點是上過節目的人關注度都會變高。

很幸運的台版都教授也被邀請上節目，主題是時下流行的明星臉，我混在一票明星臉之中等待主持人的訪問，由於來賓很多，訪問時間被壓縮，每人只有短短的幾分鐘能表現自己。

在通告之後我跟經紀人吵架了。

因為在節目上主持人小Ｓ突然問我說：「你覺得你是藝人嗎？」

我的回答是：「一半。」

而當時的經紀人為了這句話罵我，他覺得我浪費了這次通告機會，他說我要承認我就是個藝人。

什麼是藝人？

對我來說；要稱之為藝人要有專業的表演能力，會演戲、唱歌、跳舞、模仿、搞笑等等，要會的東西很多，或至少要有一個藝術表演的核心理念或價值，才配稱作藝人。

而當時的我主業還是個保險業務員，這一段只是誤打誤撞的意外旅程，那時候的我不認同我自己，連模仿都不會，什麼都像個半吊子，是山寨的、假的。除了長得像金秀賢的外表以外，我什麼都沒有。

所以我很直覺地回答一半，甚至我覺得一半都沒有，因為我什麼都不會，我只會站在那裡裝酷，假裝自己是都敏俊，假裝自己是個明星。

超級先生不超級

感謝都教授，我明白了自己的追求

以台版都教授的模樣，

我的邀約不斷，

甚至有機會到北京發展，

但同時也面臨了無法繼續成長的困境，是時候該努力撕掉這張標籤了。

無論如何，我都不後悔，甚至想說聲：「都教授，謝謝你。」

我因為神似都教授，受邀去參加合肥衛視的節目《超級先生》。《超級先生》是一檔勵志型真人秀節目，邀請各行各業的男生，在節目進行分享、海選，要挑出所謂的好男人。而節目組看到網路上有個山寨都敏俊當然不放過，我收到了邀約。那時候身邊的朋友都往北京、上海，跑去北漂生活找尋拍戲的機會，我問接受到了影響，覺得有機會不要放過，於是鼓起勇氣參加了《超級先生》這個節目。

節目一開始的調性很勵志，大家都分享自己的經歷與故事，大部分都非常感人。因為我沒有才藝、又剛入行，所以節目組與我討論要用什麼主題參加，他們希望我分享我的愛情故事，是一種取得關注的方式，雖然自己不是很認同，但好像只能硬著頭皮、厚著臉皮繼續闖下去了，我很真誠的分享自己的故事，也因為還有都教授的話題性，我進入了複賽。

節目後期為了吸睛效果，開始一些簡單的訓練，要求參賽者進行一些表演，我也被選入了知名主持人謝娜的戰隊，跟隊友進行歌唱與舞台的表演訓練。

因為謝娜挑選的都是娛樂圈的人，有歌手、舞者與演員，只有我是半素人，所以呈現出來的表演經驗真的有落差，但我還是認真的努力跟上大家，要我跳舞就跳舞、要我唱歌就唱歌，雖然這個機會很好玩又很難得，但我更困惑自己到底是以什麼樣的身分站上舞台。

也因為謝娜老師的推廣，我們戰隊在網路的關注度提高了不少，我也被更多網友注意到，有好有壞，因為支持金秀賢的粉絲眾多，網路隨之而來的是更多支持金秀賢的粉絲不留情面的謾罵與攻擊，大部分都很直接，而且極具攻擊性，連家人都罵了進去。

還記得看到「我呵呵你一臉翔。」這種新鮮的字詞，我還去查詢意思，發現原來意思是：「我笑你一臉大便。」大多數是希望我不要往臉上貼金，要我這個假貨回家吃屎之類的評論。雖然在旁人面前我都一笑置之，但其實心裡一度害怕打開網路，不願意看到更多可怕的語言，因為這些惡意的能量會趁著縫隙不斷地流進我的心裡。

瑾泉
瑾泉CC霜

撕掉標籤努力走出自己的路

謝謝身邊的人不斷鼓勵著我，要我不用在意，我才體認到，自己正在面對成為公眾人物的壓力與過度期，必須練習承受這些惡意，學習自己消化。還好節目叫《超級先生》，我催眠自己要成為超級先生，所以厚著臉皮撐了下去。

節目錄完，我也陸續跑了北京與香港接了一些工作，甚至還用模仿都教授的形象去了一趟韓國《來自星星的你》的拍攝場景，進行購物節節目的宣傳活動。

可能宇宙就是要我體驗這種尷尬的感覺，既然都已經被罵了，就不要在意的把這個形象用到極致吧！

但我已經疲倦了，我知道帶著這張標籤無法繼續成長。

因為我對自己不認同，也沒有表演的基本功和經驗，所以我明白我在北京發展的機會有限，而且我也不想再用都敏俊的形象繼續招搖撞騙。所以我重新設定自己的方向，回頭想想自己在大學時期跑龍套當臨時演員時，在表演的工作上所得到的回饋與成就感還更多一些，我確定了我想往戲劇的方向前進。

我開始跟當時的公司表態要少接都教授形象的工作，想爭取接受演員的訓練，當然過渡期有點難熬，也有摩擦，但我很慶幸自己清楚自己選擇的這個方向。

因為放棄都教授的形象並沒有讓我後悔，反而讓我得到了成長的機會。拋棄了這張標籤，反而如釋重負，可以重新開始。

謝謝你，都教授

很有趣的是，

當初接受了這張標籤，就是為了不想後悔，

現在拋棄了這張標籤，也是為了不想後悔。

因為都敏俊，讓我經歷心態與人生的轉變。

我仍然感謝這張標籤，讓我經歷過輝煌、挫折與尷尬到爆炸的處境，真的讓我有所體悟，有所成長，更重要的是這段經歷，幫我奠定了未來的方向，讓我真的想演戲，讓我知道要當表演者和藝人，不能單靠名氣，而是要靠實力說話。

隱藏版的演出

首部擔任男主角的作品，成了我的黑歷史

雖然擔任男主角，
但深知自己表現差強人意，
最後雖然沒有被大家看見，
反而有點鬆一口氣的感覺。
從此，我也正式踏上了演員之路。

很幸運也不幸運，我想演戲的時候，竟然就有戲演。

在拍攝八點檔之前，我曾經跟製作公司合作過一部網路劇，但這部劇好像消失了一樣，沒有發表過，不過也還好沒有發表過，因為裡面的我演技慘不忍睹，可以說是黑歷史。

製作公司很有勇氣，也是靠著都敏俊的話題選我演出，我去製作公司開完會後直接空降主演名單，掛名男主角。

前置作業開始了，跟導演組開會、讀本，就是我心心念念的劇組工作，明明就是我想要的，但是我完全不在狀況內，因為我覺得我不是靠實力而得到這個機會。

心態影響著狀態，我不認同自己，就沒有自信，狀態就不會自然，讀本試戲的表現直接爛炸，自己都覺得自己演得超級爛，那時候還在執著要怎麼用手指表現喜怒哀樂。

記得當時一起讀本的演員，曾經跟我表達過，不知道為什麼會找我這樣的人來演，當下的我只能說我運氣好，笑笑帶過。

這些情緒讓我更想要做到，確定我真正想要的，是靠實力讓大家認同我。

謝謝那時反骨的自己沒有放棄，仍然厚著臉皮去練習，去學習。

慘不忍睹的黑歷史

戲劇開拍，我只記得水裡來火裡去的很快就拍完了，唏哩呼嚕地把每一場的台詞帶過，浮誇的表現肢體，生硬的轉換情緒，還好至少還有情緒，而不是什麼都沒有。

戲殺青了，我發現我的角色少了細節、少了靈魂。

雖然經歷了一段角色人生，可惜我沒有把這個角色完整的創造出來。

殺青酒後，當時懷疑我的那位演員突然跟我說，他覺得我很屌，他說我放開來之後真的進步很多，感覺到我不是來鬧的，我是認真想要做些什麼的，他希望我們一起在這個行業中加油。

謝謝，謝謝，因為你的這一席話，讓我得到了認同，雖然只有一點點，但謝謝你感受到我想做的改變，讓我又有了一點勇氣。

開啟成為演員之路

這部片後來沒有發表，也找不到片段，雖然是我第一部掛名男主角的作品，但我並不覺得失落，可能因為自己表現沒有達到自己的標準，沒有被大家看到反而鬆了一口氣吧。

有時候被隱藏也不是壞事，尤其是當你還沒準備好的時候，或許宇宙啊、老天爺啊有他們的安排，讓我們要學習、體會一些什麼，所以有時候被隱藏也是一種好事。

就結果論來說，我只能說我的運氣算是蠻好的，製作公司沒有因為我的表現放棄我，反而開啟了合作的契機，好像注定要讓我踏入演員的身分。

不甜的甘味人生

辭去工作，專心當演員

我以演員身分拍攝的人生第一檔長壽劇，是二〇一五年三立電視台播出的台語八點檔《甘味人生》，卡司以當時來說很強大，有王識賢、黃少祺、廖峻、方文琳、黃文星、李亮瑾組成的醬油世家，而我何其有幸，飾演這個主角家族裡最小的兒子。

前面說到當時合作網劇的製作公司沒有因為我的表現而放棄我，反而給了我機會，邀請我建立起長期的合約合作關係，想把我簽下來發展，當時的我極度想擺脫都教授的標籤，所以有任何合作機會我都願意嘗試，尤其是由業界相當資深的製作公司遞出的橄欖枝。

於是我開始認真看待自己的身分，與當時還不是太太的女友討論這件事，得到她的支持與鼓勵，但我仍然充滿不確定，因為對未來仍有擔心與害怕，但很慶幸這一段過程，有另一半陪著我一起經歷。

心裡有了後盾，我決定試試看。

因為我覺得如果錯過了這個機會，未來的自己可能會後悔，我不想讓自己後悔，所以我正式辭去了保險業務的工作，決定只要專心做好一件事，朝演員之路邁進，我希望自己不要再說出自己是「一半」這種話，要就是投入自己的「全部」。

決定了之後，一切充滿了期待，開啟新的嚮往、新的視野。

機會的抉擇，不容易

當時公司有兩部戲劇正在籌備，一部是週播的偶像劇《料理高校生》、另一部則是收視族群廣大的台語八點檔《甘味人生》。

記得公司同事邀請我開會，討論我的演藝生涯規劃，針對兩部戲劇分析優缺點給我聽，當時給出的條件是，只要每一集的劇情有我的角色出現，就能領到一集的酬勞，接下來分析兩種戲劇播出的模式與集數；偶像劇週播，一個月最多四集，一季基本十二集左右，看收視狀況追加。八點檔天天播，一個月最多二十二集，當時長壽劇的高收視率，追加好幾百集都有可能，光用可能播出的集數比例來看，很直接的讓我明白能夠維持收入的是八點檔。

雖然內心還有一股衝動與嚮往，讓我很想嘗試偶像劇，但經過內心務實的分析，一番糾結的抗衡，我開始檢視自己在這個行業的可能性。

很單純的，我很想做到證明自己，也很想圓夢，不讓自己後悔。

偶像劇新人輩出，小鮮肉層出不窮，也很吃顏值，雖然我是新人，但以二十六歲的年紀出道，知道自己不算新鮮，顏值自認是有獨特性，但沒有到很高，不能一直依靠模仿韓星的光環，重要的是我沒有演出經驗，不保證偶像劇拍完我的角色能被看見，更不能保證我會接到下一部作品。

而八點檔有新演員的需求，能磨練自己，又可能會有比較多的收入，讓家人放心，而且我還覺得演出台語劇的反差，可能會讓我更快擺脫都教授的標籤，讓自己重新被看見。

評估後的結果顯而易見，我選擇能滿足養活自己需求的長壽劇，常常會回想，如果當時自己選擇了另一條路，會有什麼樣的不同呢？當時沒有辦法讓自己幻想太多，機會來了就接受，這樣的機會對大多數想要演戲的人來說已經非常難得。

大挑戰：哭戲

戲即將開拍，公司對於我的表現也很期待，在開拍前的某個晚上公司前輩還教我如何表演，除了看看我的程度，也讓我們都可以放心一點，但說實話，我自己一直都放心不下自己。

我的角色是醬油世家裡最小的弟弟，不想繼承家業只想開浪漫的咖啡廳，所以跟家庭時常會有一些情感的衝突。收到前三集的劇本時，我就傻了，我的角色要挑戰哭戲，這讓我非常緊張。

第一場哭戲的場景是在颱風天，我們一家人要救醬油，而我在過程中跟哥哥王識賢有些衝突必須在雨中哭泣，劇組請來灑水車開始灑水拍攝，劇情氣氛緊張，場面非常浩大，要拍出我們家庭的凝聚感。拍攝非常順利，到了我和哥哥的那場哭戲時，藉由識賢哥的表演帶動，氛圍非常到位，我也跟著他的表演流動，順順的將情感表演出來，也慶幸下著雨，所以淚水混著雨水，比較沒有那麼明顯的看出差別，因此過了導演那關。

自己以為能稍稍鬆口氣的時候，後面某集劇本的某個三角形寫著，我又要哭了，這次的場景在室內，因為我沒有顧好做醬油的材料，所以要跟飾演我爸的廖峻（峻爸）吵架，然後默默掉眼淚，原本提著的心情更加緊繃。

先說說攝影棚內的拍攝對於新人來說非常具有挑戰，出了名的硬，為了追求拍攝效率，所以一次是四台攝影機對著你，排完戲後除了要記得精準的走位，還要呈現表演，磨練演員的臨場反應。

而台語很難，用台語演戲又是另一種領域，每次看到劇本要轉換成台語，是非常消耗腦力的工作，所以看到前輩在戲中用流利的台語罵人，都是經過一定的時間和心力準備，才能呈現出來的結果，親眼見識前輩們的運作之後，讓我更加佩服。

那一場哭戲的結果並不如意，綜合上述的各種感受，讓我在棚內非常緊張，儘管峻爸叫我不要緊張，也很努力地丟情緒給我，但我把自己封住了，無法感受對手。

我哭不出來。

菜鳥新人只能認真學習

棚內導播看到我的狀況，也給我一些空間和時間醞釀，我非常感謝。但這大概十五分鐘的時間內，我腦袋一片空白，感受卻異常清晰，我感受到現場大家等待的情緒，甚至感受到有人表現出些微的不耐，但我自己仍然沒有進入角色的情緒裡，我只迸出不能耽誤大家時間的想法。

然後我開口了，我跟導播說對不起，我真的哭不出來。

大家默默接受，然後繼續動作，將這場戲拍完，我連最後拍攝的情緒是怎麼樣給出去的，我都不敢面對。

播出後我鼓起勇氣上了 PTT 戲劇討論版，討論版裡會有每一集觀眾的回饋，大多數的觀眾非常實際，對於表演的回饋很熱烈也很直接，我忍不住想看看，觀眾對於我的表演會給出什麼樣子的反應。

「不是臉皺在一起就是哭啊」「合運真的不行」「表演太菜了」

其實早就有心理準備，我只能接受這樣的結果，我把這段感受記在心裡，深刻認知到自己的不足，然後好好反省，我不在狀況內，我無法感受角色，我沒有打開感受去接受對手。接下來拍攝的日子，我打開毛細孔去吸收每一次的學習，既然知道自己的表演能力不夠，至少要展現出我的認真。

消失在八點檔中，繼續等待機會

依照收視率的反應，電視台和製作單位會針對每一條劇情線的走向做不同的調整。

簡單來說，只要觀眾愛看你這條線，你的劇情就會多一點。

播出一季後，我們家的這條劇情線也開始收尾，哥哥姊姊們的主線劇情告一個段落，劇情裡失蹤的失蹤、出國的出國，一個一個的消失休息。

我的劇情線明顯地慢慢減少，中途雖然有安排新演員跟我創造不同的火花，可惜的是我們都是菜鳥，沒辦法藉由表演讓感情線達到更多效果，然後我的角色開始在故事裡介紹置入商品，瘦臉產品、洗衣機等等，我也接受這就是八點檔戲劇的運作方式。

雖然我很認真工作，但不是你認真就一定有工作。

慢慢地，我的角色沒有了主要的劇情故事，默默消失在這部長壽劇裡。

然後過了幾季，《甘味人生》全面換血，加入新的演員、拍攝新的海報，直接開啟新的篇章，又繼續運作了幾百集。

當然，後面的劇情裡沒有我的演出機會。

我沒有埋怨，我知道這是現實的運作，
也沒有羨慕，我知道自己的能力不足。
《甘味人生》的經驗確實難忘，
對我來說還是有甘，只是真的沒那麼甜。
我只能繼續等待機會。

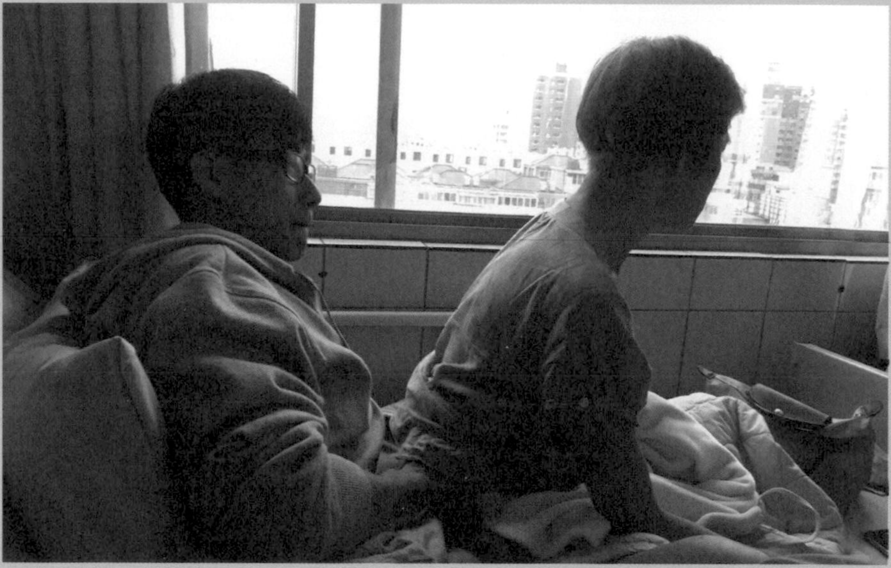

鹽味飯糰

不是調味，而是淚水的滋味

結束八點檔的拍攝後，我有一段時間沒有工作。

這段時間接了學生製作增加經驗值，卻被提醒我的表演有著八點檔的匠氣。

有廣告試鏡就去，然後不斷經歷落選，因為都教授的形象太過鮮明也過時，廣告商不愛用了，我僅有的經驗、武器與標籤，竟然變成了一種障礙。一切打回原形，一切只能靠自己。

還記得《甘味人生》加入新的演員時，我媽還傳訊息關心我，跟我說加入了新的大咖，擔心我會少了演出機會。我跟她說不用擔心，還跟她要了郵局帳號要匯生活費給她，那時候的我還以為可以穩定地賺錢，讓我媽不用擔心。

結果現實讓我無法假裝，尤其拍八點檔很難騙過自己的媽媽，看播出就知道，沒有出現就是沒有工作，後面劇情少了，我也向媽媽坦承，但我會繼續努力。

因為我最想要做的，就是讓媽媽驕傲，趕快讓她退休，不用再那麼辛苦了。

等待機會的同時多陪陪媽媽

渾渾噩噩地撐了一段時間，也不知道該不該撐下去，幸好當時的公司很慷慨，願意讓我去公司打工，領著固定薪水等待機會。大概有半年，變成公司的半個上班族，我也比較有時間回家。

那段時間媽媽的身體開始變差，鎖骨凸起一塊，有點詭異，我們還以為她是去爬山跌倒受傷了，老爸帶她去看中醫推拿針灸了一陣子，做一些消極的診治，媽媽仍然不適，時常感到疲累，但真的不舒服卻不敢跟我們說。

後來媽媽突然暴瘦，大概掉了十幾公斤，我們都覺得非常不對勁。

我決定陪她去大醫院檢查，但我們卻選擇先去看婦科，我天真的期待，如果是單純的更年期影響就好了。而我猜媽媽可能已有心理準備，卻不敢面對自己生病的事實，更不敢讓我們擔心。其實我也一樣，不敢面對。

還記得那天檢查前，我們先去鹿港的龍山寺拜拜祈求身體健康，然後去彰化八卦山走走，享受母子倆難得的約會，我以為陪陪她就是盡到一點孝心，也以為這樣的幸福能夠持續。

我們找了幫我接生的那位醫生檢查，因為媽媽很喜歡這種浪漫的緣分，也因為有了這份熟悉感，醫生建議我們去另一間醫院檢查胸腔科，當天時間還早，我也說好，媽媽也只能接受了。

到了另一間醫院掛號，做了X光、抽血檢查、等待，然後陪著媽媽進入診間，發現醫生的反應很認真很嚴肅，看著檢查報告，說可能還要做切片檢查，要我們先回家等待回診的通知。我沒有多想，要媽媽放寬心配合檢查，然後送媽媽回家，提醒爸爸有空帶她回診。

我回台北繼續等待機會的生活。

癌症打擊著我們每一個人

媽媽回診的那一天，我在家裡的通訊群組詢問回診狀況，老爸只說媽媽肺積水，必須住院做引流手術，其他沒有多說。

我覺得有點不安，因為住院不是一件好事，心情很忐忑，決定隔天跟公司請假回去看看。

隔天早上搭著客運趕回彰化，抵達媽媽所在的醫院病房，只看到我妹一個人在椅子上等著，說爸陪著媽去做檢查，空氣中瀰漫著一股異樣的氛圍，我突然有點害怕，但還是必須關心媽媽狀況怎麼樣。

我只記得我妹一開口就掉眼淚，然後對我說：「是最壞的那種。」

「最壞的那種？」

「癌症……嗎？」

我妹點點頭。

我有點暈眩，但卻記得做哥哥的要撐著面子，冷靜的安慰我妹說沒事，只要好好配合治療就好。

因為趕路整個早上什麼都沒吃，我先離開病房去吃東西。到了醫院一樓的便利商店，隨便買了一顆御飯糰，忘了是什麼口味，可能是什麼鹽蔥豬肉或泡菜吧。然後坐在醫院外面的椅子上，咬了一口飯糰，我的眼淚就唏哩呼嚕的掉了下來。

我長大之後第一次這樣流眼淚，邊吃邊哭，不在乎他人眼光的哭。

不知道為什麼會在這種時候哭，也不知道自己竟然這麼會哭，我只知道淚水一直不斷地流下來。我不想讓它停下來。不知道哭了多久，平復了一些，飯糰吃完了，稍微有了一點熱量與能量。抹去臉上的眼淚，收拾一下心情，要好好面對這件事情。

好好吃飯，面對一切

那時候我體會到，人不管多麼難過，都要記得好好吃飯，才有力氣去面對一切的困難。

我也永遠記得那顆飯糰，是充滿我淚水的鹽味飯糰。

癌與愛

無情的宣判帶來了無盡的愛

癌症，這兩個字就像是警鐘，
提醒了我還有多少事沒有陪媽媽做，
它用無常填滿我們的日常，
也讓我學會如何說愛，
讓我能像辛苦一輩子的媽媽說出我的
感謝，也讓所有家人重新凝聚。

肺腺癌第四期，骨轉移及腦轉移，意思就是癌細胞擴散、轉移到骨頭及腦部。看著媽媽的X光圖片，腦袋佈滿微小的泡泡影子，還有附著在腰間骨頭一大塊的黑影，都是腫瘤。

一切其實都有跡可循，媽媽這幾年容易疲累，常喊偏頭痛、輕咳、腰痠、到近期鎖骨凸起，都是因為腫瘤。

第四期，更白話一點就是俗稱的末期，醫生告知媽媽剩下的時間，大概只剩半年到一年。如果進行化療或標靶藥物的治療，則要看身體的反應再評估。

無常的日常來臨

原本對未來各種美好幸福的想像，被壓縮到僅剩半年和一年的數字，什麼都還沒做，卻好像快來不及了，好像什麼都被剝奪了，快要破滅了。

我還沒給她好的生活。

我還沒帶她出國去玩。

不要有藉口不陪家人。

我不是個好兒子、好哥哥。

但我會盡力去做，彌補這段失去的情感。

對於媽媽的一切我充滿懊悔和不捨。

體會無常就是日常。

我陪著媽媽去做腦部斷層掃描，等待時陪媽媽聊了一會，我們都知道要堅強、開朗、樂觀。媽媽從發現病因到現在，不曾在我們孩子面前掉淚，不讓我們擔心她，多麼堅強，多麼為我們著想，媽媽的勇敢感染了我，讓我心情稍稍平靜了一些，當下淚水卻還是忍不住奪眶而出。

媽媽說幾年前的公司員工檢查，就發現肺部有異樣，需要回診做檢查，只是她害怕面對，也擔心沒有錢治療，所以隱忍了下來，什麼都不說。我們覺得她傻，為了這個家什麼都不說，我也覺得自己很傻，如果多付出一些關心，會不會就不一樣了？

充滿愛的病床

陪我媽住院的第一個晚上，我跑去買醫院附近的炸雞排給家人當宵夜，我們一家人圍在病床邊吃雞排，雖然炸物感覺對身體不太好，但熱量很高又很療癒，重鹹、重口味的刺激提醒自己活著的美好，後來因為信仰的關係媽媽不能吃雞肉，所以那是印象中最後一次吃的雞排。

從那之後，我變得很愛哭，我媽我弟我妹都說不知道我這麼愛哭，我自己也不知道，之前拍戲工作哭不出來的障礙，在面對媽媽的健康前變得如此微不足道。

我第一次幫我媽洗澡，她變得好瘦，肋骨都很明顯，我忍著不讓眼淚掉下來，跟著我妹一起幫她擦澡，然後強裝鎮定笑說以前是媽媽幫我們洗澡，現在竟然是因為癌症才讓我們可以幫媽媽擦澡，也算是很難得。

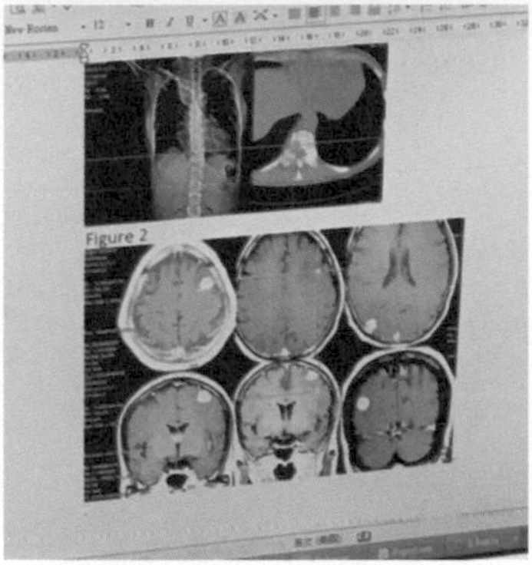

之前會說謝謝媽媽在巧福上班的經歷，因為住院期間很多媽媽的同事和好友前來探望，或捎來許多關心，都給了我媽很多能量，她會笑、會假裝、會振作。

我真心謝謝妳的那些好朋友，他們真的在我們家人不在妳身邊的時候，幫我們填補了妳很多的時間與溫暖。

我爸也回家了，不管過去跟爺爺如何尷尬冷戰，不願意待在家的他，真的願意搬回家照顧我媽。他在陪著媽做完一項檢查後，在病房外跟我說：他對不起媽媽、對不起我們。

滿懷愧疚，我只能拍拍他的背說沒關係。我心裡知道，爸爸回來了，帶著更多的愛回來了。摯愛之人生了重病，真的能讓人改變。

有愛就能與癌共存

就算未來充滿不確定，日子一樣繼續要過。

標靶藥物的治療要等媽媽進一步的基因檢測才能得知適合與否，接下來的日子才是與癌症共存的生活，最辛苦的永遠是媽媽，生病的是她、痛苦的是她、對抗癌症的是她，最勇敢的，也是她。

媽媽肺積水的手術完成，結束休養後，我們辦理出院回家，剛送母親出院，我就要趕回台北試鏡，難得的試鏡機會我還是不想放棄。離別前忍不住又哭，被爸爸調侃這麼大還哭，黑白來。

然後分別之前，我用雙手撫摸媽媽的臉頰，學爸爸對我們大家做過一輪的民俗儀式，用手做勢把不好的東西抓住往自己的身後丟，同時用台語唸出：「好的來，歹的去。」

這句話很簡單，卻是我們一家人當下最懇切的冀望。

往車站的路上，爸爸說他沒有很勇敢，我在機車後座抱著他。我知道我們都一樣難過，但是為了媽媽我們要更勇敢，因為媽媽需要更強大的勇氣，去面對她要面對的一切。月台邊提起勇氣傳了訊息給媽媽，說我會認真加油，別擔心，要媽媽吃胖一點，要她加油。

那陣子看到學習寫感恩日記有一些好處，上了車，決定寫下一些東西，練習寫下身邊能讓你體悟到更多的事物，然後學著感謝。回頭看看手機裡的文字記錄，發現任何小事都能讓我覺得感恩。

更重要的是，只要活著，就很值得感謝。

2016/11/19

感恩昨晚媽媽的好友視訊幫媽媽打氣，讓媽媽心情好有胃口。

感恩兔大姐用心尋求治療方式，比我這個做兒子的認真。

感恩中元舅舅關心。

感恩鄧振枝醫師指路。

感恩李佳穎醫師治療。

感恩季農分享過來心境。

感恩科技，讓弟弟、妹妹視訊對媽媽說我愛你。

過去害羞不敢說的愛，到現在變得如此珍貴，如此有份量。

感恩神佛保佑，讓媽媽還有時間。

感恩爸爸回來，真心懺悔愛媽媽。

感恩弟弟，對媽媽直接說愛。

感恩妹妹，想休學照顧媽媽。

感恩老婆，那份關愛的心意。

感恩岳母，持續的來電關懷。
感恩媽媽，把我們拉拔長大。
媽媽，妳還在，加油！吃胖一點！

愛，要學習說出口

因為這件事，我學會了說愛。
以前不敢對媽媽說愛，因為害羞、因為尷尬，因為不必要的矜持，
在這一週全部瓦解。
在醫院的每一天我都對我媽說：「我愛妳」
回台北後每天有時間就視訊對她說愛她。
因為癌症，讓我們勇敢說愛，勇敢去愛。
歷經痛苦才懂得珍惜。

摧毀與重建

低潮中迎戰負能量，
用美好重新建構自己

感恩確實讓人充滿正能量，
而現實不能說它殘酷，
但就是如此真實。
放下硬撐的表面架子之後，
隨之而來的是紊亂的負能量。
這就是平衡，
要學習與它共存，
所以我也將那陣子的負面都記錄
下來。

2016/11/22

更應該認真活著，心裡這麼想，卻沒有動力。

渾渾噩噩的幾天，有點無病呻吟的感覺，病的是母親，我卻一樣無力⋯

什麼事都想有個藉口搪塞，演員進修課推託了，工作想交給公司去處理，那自己呢？

要做什麼？突然有種害怕的感覺⋯

想起上週是活力、希望最旺盛的一週，到處試鏡，本來充滿著希望！但幾天接連的消息讓人覺得無力，試鏡的戲劇不是固定角色，心裡不免覺得，這麼用心的去試鏡，不能有更好的結果嗎？

想到前幾天，爸爸在電話那頭語重心長問我，該不該發展第二專長，讓生活穩定些？

我沒有第二專長啊！到底該做什麼？是不是該另尋出路，另外找賺錢的工作？

該放棄當演員？該放棄了嗎？我是演員了嗎？

反思；我為什麼當演員？我想要有什麼成就？還是名聲、金錢？

虛，好虛。

是不是不要再讓媽媽擔心了。

煩惱，無力。

想要燃起鬥志，繼續奮鬥，但沒有方向，沒有目標。

媽媽很辛苦，爸爸也很辛苦，弟妹跟我的感覺是一樣的吧⋯

莉甯很辛苦，她支持我，擔心我，我不能讓她失望。

想想；不要太在意別人的目光，把自己做好，甚至自私一點，是否⋯會比較好？

2016/11/29

每次碰面，又覺得時間更少一些。

心裡知道不能這樣想，因為每個人都很堅強，爸爸堅強、媽媽堅強，弟弟妹妹也很堅強，莉甯也是。

回家陪伴媽媽的這兩天，我能做的就是處理三餐，盡可能的讓媽媽補充營養，明明是要增胖，卻處理得跟減肥餐一樣，因為禁止任何澱粉類容易轉成醣類的食物，早餐吃烤肉、炒蛋、水煮青菜等，莉甯陪著我處理每一餐，有老婆的感覺，謝謝妳。

回台中就把媽的狀況跟爺奶說了，爺爺很關心，跟著我回鹿港一趟，感謝爺爺奶奶，能當你們的孫子我很感恩。

這趟的好消息是基因檢測證實媽媽的肺腺癌是基因突變，能用最有效的治療，投標靶藥物，當然選擇最新最有效的妥復克！現實問題是健保給付後，一顆藥仍要1500元左右，一個月至少要45000元藥費，跟爸爸討論後，需要認真考慮我自己的工作問題。

28號下午，傳了訊息跟主管婷姊說了，若公司沒有辦法維持我的經濟狀況，那我必須尋求更穩定的收入來源。

夢想，要放棄嗎？雖然可惜，但家人更重要。

爸媽、莉甯都問過我，實話心裡會有點遺憾，但是有什麼放不下的呢？名聲、名利嗎？我還都沒有呢⋯

家人間的互相扶持、互相關心才是難能可貴的，身為長兄，更應該為媽媽，為這個家做點什麼。

2016/12/13

一陣子沒打心情，這段時間心情變化很多，應該算是成長了吧。

重點一樣是感恩，今天陪著媽媽去做伽馬刀的治療，遇到了好醫師，在此鄭重感謝黃醫師的專業解說與治療計畫，謝謝凃放射師，非常親切的跟我們聊天，降低媽媽的緊張，也謝謝宋護理師的細心照顧，今天媽媽能在伽馬刀治療遇到你們，再次表達衷心的感謝，謝謝台灣醫療有你們的付出。

在媽媽確診癌症的這段時間，心境真的有很大的變化，也遇到很多很好的人事物，深深覺得我們其實是幸運的；標靶藥物治療有效，伽馬刀良率高，腦部腫瘤影響不大，加上藥費、手術費等健保均有給付，對我們來說每一個好消息都是強心針，讓我們更有勇氣、更樂觀去面對每一切，真的要感謝妹妹的犧牲，哥哥會盡力幫妳未來的路，我們不在家，妹妹的壓力最大，擔心媽媽有個萬一，責任和愧疚絕對會最大，所以我告訴弟弟，我們要體諒妹妹，希望弟弟能順利提早退伍回家幫忙。

而我呢，我告訴自己要主動了，過去的自己太被動，總想著有公司幫忙接工作，直到這次契機，才覺得靠自己是最實在的！自己接工作有股踏實感，感謝周遭良善的人事物、感謝天、感謝老婆，讓我這陣子工作都有安排計劃，而不像前陣子閒得發慌。

當然感謝公司體諒我，幫忙很多，深深感謝婷姊、郭老闆、洗米哥、李子等映畫製作的同事們，也感謝中百憲哥、子豪哥在這個年底前，轉介很多案子給我，一樣衷心感謝！

2016，是個特別的一年，不能說討厭，但確實發生了很多事情，訂婚、有工作、沒工作、突然沒收入、公司打工。

媽媽確診癌症，到現在邁入治療階段，家中也更凝聚，工作上也有了體悟，對表演也有了想法⋯

希望2017年一切能更好，謝謝我最愛的太太陪著我渡過這一年。

謝謝爸爸、謝謝媽媽、謝謝弟弟、謝謝妹妹，謝謝爺爺奶奶，謝謝叔叔姑姑，謝謝媽媽的阿姨姐妹們，謝謝為媽媽治療的醫師、護理師們，謝謝在我工作上、生活上幫忙我的好朋友們，謝謝你們，盧彥澤衷心感謝、感恩，祝福你們身體健康、平安順利！

2016/12/20

從高雄喝完喜酒回到家，雖然身體很疲憊，但看到媽媽在客廳，還是鼓起十分精神用力喊聲媽！然後抱了一下，媽媽臉上佈滿伽瑪刀的後遺症，口鼻結痂了，我想相信這是把不好的東西代謝出來吧！心裏看著還是不捨。

也進廚房跟妹妹精神打氣，聽說妹妹昨天跟媽媽吵了一下。

看到妹妹壓力大，媽媽想得太多，說自己拖累我們，弟弟只能盡力安慰兩個人，想起稍早人在外地喝喜酒的我剛好視訊回家，卻看到媽媽在哭泣，一時不知該如何是好，只能盡力安撫媽媽和妹妹，也謝謝弟弟在她們身邊，一起打氣。

這都是抗病期間一定會遇到的低氣壓，我們都要加油，鼓起勇氣渡過。

今天妹妹說一進廚房就想哭，我想應該是太多感觸吧。

過去是媽媽進廚房照顧我們，現在換我們照顧媽媽。

雖然因為從高雄開車回鹿港而身體疲憊，但能和最愛的家人一起吃頓晚餐，精神又滿足了。

回程中途一定到台中停車轉高鐵，又和爺爺奶奶抱抱，覺得兩個老先生老太太還能保持健康，真的很可愛。

一回到台北，心裡還是充滿壓力。

工作的感覺飄渺不定，沒有踏實感，被各種現實狀況洗臉，也必須學著轉念。

深刻生活著，感受美好能量

當時各種小製作我都接，靠著自己接觸各種拍攝工作的經驗，也給我很多不同的體悟，真的要讓自己變強、自己創造、體會到的都是自己的，才是任何人都帶不走的東西。

那一陣子的記錄，看完都覺得尷尬，但這就是真真實實自己經歷的過程，我不斷的懷疑自己、摧毀自己，然後厚著臉皮，自私的提起勇氣繼續前進，然後去用心感受生活，慢慢重建每一個感受殘缺後的坑坑洞洞。時刻提醒自己，要記得感謝身邊的美好能量，更不要放過當下發現的一點點美好，放著、記著也好，都能為過去或未來受傷的某個時刻，注入一點點溫暖。

只有一點點，也很好。

最後記得感謝自己，因為有你自己，才能走到現在。

RECIPE

【麻油煎蛋蛤蜊湯】

媽媽抗癌期間研究的料理，就是很簡單的將煎蛋泡在蛤蜊湯上。會印象深刻是因為我沒想過這樣的組合，但麻油香四溢的酥脆煎蛋因為泡在湯中，吸附飽滿鮮甜的蛤蜊湯汁，意外的好吃，而當時還看著生病的媽媽親手料理，讓我印象深刻。

材料 （4 人份）

蛤蜊 300 ～ 500g
蛋 4 顆
薑 5 ～ 10g
麻油 2 湯匙
鹽巴 適量
米酒 適量
白胡椒 適量

作法

1. 蛤蜊先放入水中加入鹽巴，靜置數小時吐沙；薑切薑絲備用。
2. 熱鍋煮水約 1000c.c.，水滾後加入吐完沙的蛤蜊，煮至大部分蛤蜊打開即可下少許米酒、薑絲即可熄火，再視口味斟酌加入鹽巴、白胡椒調味。
3. 打 4 顆蛋加入 1 茶匙鹽巴，攪拌均勻備用。
4. 平底鍋熱鍋下麻油約 2 湯匙，將蛋液倒入，中小火慢煎，煎至上色即可翻面。
5. 最後將煎好的蛋鋪上蛤蜊湯即可完成。

RECIPE

【媽媽的泡菜麵】

這是充滿媽媽回憶殺的麵，小時候如果家裡只剩我和媽媽，她就會煮這道料理，像是模仿日式拉麵，只是很家常、很簡單，是溫暖我童年回憶的味道。

材料 （2 人份）

白麵條 2 把
愛之味韓式泡菜罐頭 1 罐
豬絞肉 50g
豆芽菜 30g
洋蔥 半顆
紅蘿蔔 半條
高麗菜 1/4 顆
玉米罐頭 半罐
雞湯塊 半塊

作法

1. 高麗菜、紅蘿蔔、洋蔥切絲備用。
2. 熱湯鍋下少許油，將絞肉下鍋炒香，接著加入紅蘿蔔、高麗菜、洋蔥絲炒軟，然後加水 1000c.c. 煮滾。
3. 湯滾後加入雞湯塊，再加入麵條。
4. 待麵條稍微煮透，加入愛之味韓式泡菜、豆芽菜、玉米，再煮滾一次即完成。

彥澤小提醒

・如不喜歡煮麵的鹼水味，可用另一鍋水煮麵條。

RECIPE

【沙茶肉絲炒麵】

因為爺爺很喜歡吃麵食，所以小時候很常跟著吃，我長大後也很常料理麵食，只要冰箱有剩下的菜和材料，買包油麵就可以炒一大盤好吃的炒麵。

材料 （3～4人份）

油麵 1 包
空心菜 約半把
豬肉絲約 200g
紅蘿蔔 半條
香菇 2 朵
洋蔥 半顆

肉絲醃料

醬油 1 湯匙
味醂 1 湯匙
白胡椒 1 茶匙
玉米粉 半湯匙

炒麵醬汁

沙茶 1.5湯匙（視口味增減）
醬油 2 湯匙
醬油膏 半湯匙
味醂 1 湯匙
冰糖 1 茶匙
水 半杯

作法

1. 肉絲洗淨擦乾，用醃料先抓醃 15 分鐘。
2. 洋蔥、紅蘿蔔切絲，香菇切片備用，炒麵醬汁調好備用。
3. 熱鍋下少許油，下醃好的肉絲，炒至八分熟起鍋備用。
4. 原鍋可不洗，再下少許油，下洋蔥絲炒軟，接著放入紅蘿蔔絲、香菇片炒香，接著下空心菜炒軟，可加半杯水幫助菜葉軟化。
5. 下油麵麵條拌炒，接著下炒麵醬汁，拌炒均勻後即可起鍋完成。

彥澤小提醒

- 喜歡滑順口感的話，可以在最後拌炒步驟加入半杯勾芡汁，會更加保溫與順口。
- 除了豬肉絲，也可以用牛肉絲、羊肉絲替換，你喜歡就可以。

RECIPE

【味噌鮭魚】

我的作法與媽媽師出同門，都是看型男主廚詹姆士學的。是我們家很常出現的料理，剛烤好的鮭魚吸附滿滿味噌的味道，極其簡單卻非常好吃。

材料 （2 人份）

鮭魚片 約 200g

味噌 10 ～ 20g

作法

1. 將鮭魚洗淨擦乾後，放置於 1 張鋁箔上。
2. 挖 1 湯匙味噌醬，均勻塗抹在鮭魚上。
3. 用鋁箔將魚完整包覆，進烤箱，設定約 200 度，烤約 20 分鐘即完成。

CHAPTER 3

療癒我的溫柔滋味

歷經過成長的苦痛，也多虧了一直陪在我身邊的女孩，
每一天每一天療癒著我，也感謝工作上相信我的人們，
也溫柔的陪伴著我。

LIFE
begins
AFTER
COFFEE
GOOD

療癒系女孩

從女孩到女人，到成為母親，都是我不變的後援

來說說我生命中最重要的女人，
對我來說她是溫柔的後盾，
也是我抓住真實生活的浮木。
她的存在，就是療癒我的溫柔力量。
很幸運，我認識她的時候是女孩，
然後我們一起經歷很長的一段時間，
她看著我從男孩變成男人，
我看著她從女孩變成女人，
然後我們一起變成孩子的父親與母親。

我們一步一步朝我們夢想的藍圖前進著，藍圖裡原本只有一隻狗，現在是二隻，雖然還沒有能讓大家安穩的住宅，但我們相信有機會而努力著。

我們認識的時候什麼都沒有，就因為什麼都沒有，那份單純一直保持在我們心中，受到太多世俗影響時，回頭看看認識的那份單純悸動，就會覺得簡單而美好。

從學生情侶到老夫老妻

二〇〇三年我們升國三，剛好同班，但升學班都在唸書，對彼此也沒有什麼特別的感覺，當時我們沒有什麼交集，她是成績比較好的，我是比較混的，好像連一句話都沒有說過吧。

二〇〇四年畢業，我考上自己覺得還可以的高中，她考上她的第二志願，一樣沒有交集。

二〇〇五年高中過了一年，我談了場青澀又沒有結果的戀愛，然後分手，放暑假時，我在三商巧福打工，看到這個女孩陪著媽媽晃進旁邊的賣場，那股悠悠晃晃的自在感，讓青春少男的心裡起了悸動。

從那時開始，我就想方設法透過以前的同學打聽聯絡方式，想要跟女孩建立起交集。

開學了，我們也開始約會了，跨校戀情很酷，我們的學校相隔一小時的校車車程。

放學我不搭車回家，會先去找她，她也會等我，然後在她的學校附近吃吃東西，逛個街、約個會，然後我們再一起搭一小時的公車回家。

那時整天膩在一起，都不覺得浪費時間。

後來我們考上同一所大學，更常膩在一起，我們偶爾一起唸書，但更常的是一起熬夜、一起打網咖、一起無所事事、一起騎車回家、一起吃雞排、喝珍奶、一起吃很多的垃圾食物、一起變胖、然後再一起辛苦的變瘦。

一起經歷學生時期的無憂無慮，卻在這時候養成老夫妻般的自在相處。

畢業後我先南下當兵，女孩北上工作，為期四十三天的新兵訓練時期，是我最想念她的時候，原本可以每天膩在一起，變成一天只能講十分鐘的電話，女孩的存在感，在心中變得非常強烈。

下部隊時我選擇自願北上加入海軍儀隊，離女孩更近了一些，休假可以一起回老家，一起吃飯，收假她送我回部隊，身邊一直有個人的感覺很踏實。

親手做料理，感謝女孩

到這個時候我們已經交往了接近七、八年，很多人說在一起那麼久不會膩嗎？是不是有老夫老妻的感覺？

我承認其實我們在一起沒多久，很早很早就進入老夫老妻的狀態。這樣的狀態伴隨著我們很長一段時間，我也很樂於接受這樣的狀況。然後我們開始進入了另一個階段，

女孩很善良，願意陪著我經歷一段又一段的波折。以都教授身分出道，開始經歷糾結與混沌時，女孩給了我很大的後盾與鼓勵，其實她只是沒有否定，她讓我盡全力去嘗試。但這樣就已足夠，默默的肯定給了我很大的支持感。然後在我沒有穩定收入的時候，她偶爾會塞幾百元在我的錢包，讓我可以吃飯。

那個時期我就開始練習下廚了，一方面省錢，一方面也創造一些儀式感，如果遇到情人節或交往紀念日，就一定會親手料理。

希望藉由料理，療癒這個願意療癒我的女孩。

超級先生的超級女孩

我的女孩，
比我想得還要有力量

和女孩從學生時期就交往到現在，
還讓她從女孩成為母親，
不變的是一直以來的支持與陪伴，
她帶給我的力量，無法比擬，
我無法想像沒有超級女孩的世界。

前面說到我因為神似都教授，受邀去參加合肥衛視的節目《超級先生》。

那時候節目組的訪談得知我有個交往數年的女朋友，他們很驚訝我們交往了八年的時間。我並不覺得特別長久，但對當時的同齡人來說相對長了一點，因為剛出道的我對未來充滿迷惘，也真的在生活中遇到困難，而女孩默默的支持，會塞錢給我的這個舉動，讓節目組覺得這段關係很難得，也想要用這個當賣點，讓我在節目上分享這段故事。

那時候我才體認到，原來女孩願意陪伴著我一起闖盪，更願意無條件支持著自己，是多麼珍貴的事情。

給了我一切的女孩

節目組安排的橋段是讓我在舞台上向女孩求婚，我由衷地下跪向女孩求婚。雖說是節目效果，但其實我心中很肯定，女孩就是我想攜手走下去的對象。

藉著節目，讓我們兩個也有難得共同曝光的回憶。

因為這個節目，讓我認知到女孩在我人生中的份量，當時我受到各種網路的惡意，也正經歷著自我懷疑，女孩都很沉穩溫柔的陪伴在我身邊，我才知道她是願意陪伴我隨波逐流，內心遠比我還強大的超級女孩。

雖然到現在還欠她一個正式的求婚、

雖然到現在還欠她一個正式的婚禮。

雖然我知道女孩不介意，

她都會說她怕麻煩、還要花錢，但我明白這就是互相體諒。

傳統的觀念說成家立業，先成家才能立業。

所以二〇一五年，我們登記了。

本來想選在交往紀念日九月十一號進行登記，好像因為戶政事務所沒開，所以跟紀念日差了一天，變成九月十二號，這件事讓重儀式感的我糾結了一陣子，我偶爾會抱怨一下。但重點是因為簡單的登記，讓心情更加踏實。

之後跟家長們聯絡，讓他們簡單辦了個訂婚儀式，因為我剛開始拍戲，剛成為公眾人物，所以我們一切想低調從簡，但女孩從不介意，沒有怨言，女孩給我了一切自由與時間，去追尋不確定的夢想生活。

我的超級女孩，永遠在我身邊

我奮不顧身地勇往直前，一直不斷的受挫、成長、前進，然後繼續經歷糾結、停頓、自我懷疑。

但只要我回頭時，女孩會永遠在身邊。

這真的無比珍貴。

在我媽生病，我內心飽受煎熬的時期，女孩一樣溫暖的待在我身邊。直到近期身邊的至親相繼離去，我們也相互扶持著。發現經歷的這一切，真的不是我自己能夠坦然面對的，因為身邊一直有個人的存在，才能讓自己愈來愈強壯。

我們一起經歷的時間與回憶好多，

她站在我腳踏車的火箭筒，搭著我的肩亂晃，
經歷好長一段的機車雙載，她環抱我的溫度，
到她有了專屬的副駕駛座，能夠同時牽著手。
去了很多地方，吃了很多東西，完成了很多事。
從二〇〇五年在一起到現在，已經占滿我人生的二分之一，期待我們
繼續將時間維度拉長，也能將這份幸福等比例增加。

或許習慣成自然，我沒有辦法想像女孩不在身邊的樣子。
因為女孩在我心裡永遠占有一個重量與位置。
我後來有成為超級先生嗎？
我不確定。
但能確定的是，女孩遠比我想像中還要有力量，
她就是我的超級女孩，超級太太。

導演說與觀眾說

謝謝撐下去的自己，才能真正愛上表演

八點檔結束後，加上媽媽的病情，
讓我一度想退出演藝圈，向現實低頭。
還好，當時的經紀人與家人的真心提
點與無私，
讓我有空間可以自私地繼續探索表演，
讓我在不斷的自我反思與重建中，、
真正喜歡上表演。

拍完八點檔的時候，有一位導演朋友想要探討表演，邀請我一起去參加實驗性的交流。一開始我不明白角色是什麼，一切綁手綁腳，常常為了做而做。明白自己的弱點，卻不知道怎麼去改變，我因此卡住了好一段時間。

後來經歷失業、媽媽生病，我非常煎熬。對未來感到更加迷惘，甚至曾經想放棄演藝圈的工作，想回家找份穩定的工作，幫忙分擔媽媽的醫藥費。

當時的經紀人說了一句話，將我留了下來。

他說：「如果我放棄了，會讓我媽覺得拖累了我們。」

確實，生病的狀況已經讓媽媽充滿負面想法，縱使再怎麼勇敢面對，再怎麼溫柔與忍耐，但當身體一而再地被腫瘤與藥物交互摧殘，那是無法假裝的虛弱與崩潰。很多真實的想法就會在那時脫口而出。

我必須謝謝弟弟與妹妹，尤其是我妹，她休學照顧媽媽，是在病人身邊承受最多負面情緒的人。

因為覺得有家人們的幫忙，我也自私的不想放棄，所以我又厚著臉皮撐了下去。

感受現實的困難

那段時間我變得非常的虔誠，各個廟宇我都會誠心拜拜祈求媽媽身體健康，接觸了打坐冥想，還吃了好長一段時間的早齋。然後各種能夠幫助媽媽的心靈精神層面的能量學派，我都接觸了。

期間還有一檔我非常想參與的戲劇製作，試鏡的時候非常順利，但最後仍失去了這個角色。我非常非常的受挫，躺在床上失落了好一陣子，但也讓我更加明白這就是現實。也慶幸當時的生活與接觸的信仰，讓我稍微有一些寄託，就算生活困難，但我開始去感受生活。同時期導演朋友的課程再度開張，他邀請我再去玩玩看。

我的人生與角色的人生

因為媽媽生病這段時間的經歷，我變得很感性，突然發現我在面對表演的感受完全不同，過去完全無感的角色，突然變得感同身受。我更加認識自己，更了解自己在表演中可以做到什麼程度。

也理解表演沒有所謂的好與不好，一切都讓觀眾去評斷，在那幾個不斷探索角色的時間裡，我很享受，然後盡力去練習，去體驗什麼是少即是多，less is more. 什麼都沒有做，卻比刻意去做更加充滿情緒張力。

然後在表演的刻意與自然間不斷練習、不斷來回，試著自然而然的讓感情流動，讓真摯的情感流露，在某次的課堂呈現中，我的表演竟然讓台下的同學流下眼淚。

這份回饋深深感動著我自己，導演說他的觀點很主觀，最重要還是能給觀眾什麼樣子的感動，我想永遠記得這股表演能量帶給我的初衷。

在那個不斷重建自我的旅程中，我才發現自己真正的接觸了表演，喜歡上了表演。

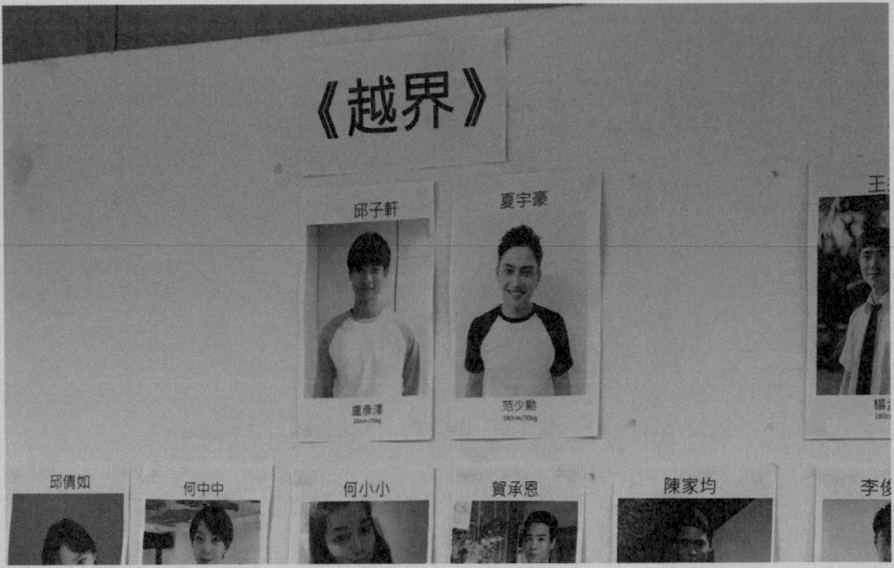

越界

謝謝《越界》，讓我真正成為演員。

《越界》是一部 BL 作品，故事大綱是講述高中校園排球隊裡面，各種男孩們追求排球比賽的青春熱血，還有他們之間發生的愛情故事。

《越界》這部作品對於我來說很重要，我真的真的充滿感謝，無法言喻。它讓我覺得我正式越了界，跨入了演員的世界。

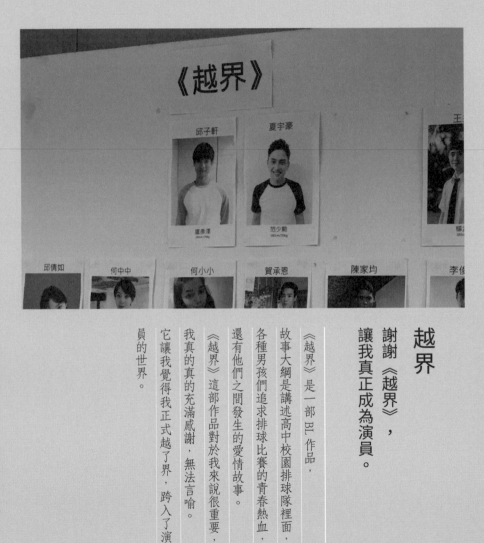

在我覺得前途渺茫的時候，《越界》的製作公司跟我們聯絡了。我去跟製作人聊聊，還問為什麼會找我？製作人說他們在相關社團裡發問徵求演員，有粉絲留言出現了我的名字，他們就找我開會聊聊。

謝謝這位不知名粉絲，當時我知名度不高，但因為你的一則留言，開啟我越界的人生篇章。

角色來找我了

製作人跟我聊了大概的構想，也解釋了BL的概念。我沒有想太多，只覺得有機會我要把握，題材是種挑戰。一直興致勃勃地想要挑戰。

看了劇本大綱，我本來以為我是熱血排球少年夏宇豪，後來跟導演聊完天，她確定了我是高冷學長邱子軒。

謝謝導演在聊天的過程，看到了我的某些特質，在當時我還不夠認識我自己，生活沒有目標的時候，給了我一個主要角色的浮木。

謝謝導演選擇了我飾演邱子軒。

或許我該謝謝角色選擇了我。

「角色會來找你。」這句話時常掛在我嘴邊，從那時開始。

雖然有有種屈服於現實的無奈，但確實真真切切發生在我身上。

我覺得邱子軒這個角色來找我了。

方方面面都給了我很大的能量，我被製作方認可、受到導演肯定，重要的是我有工作，有事情可以專心。更難得的是在通告表上，我的名字掛著主演放在最前面的位置。

跟當初入行的心態截然不同，我還把它拍了下來留作紀念順便傳給朋友。

我異常珍惜這次的機會。

我想表演，我想盡全力發揮。

我想好好演戲。

掏空自己成為角色

當時我二十八歲，要逆齡演出十八歲的高中生，我必須得從零開始，掏空自己、創造角色。

還記得準備這部戲時，身體一直充滿前所未有的新鮮感與想要挑戰的興奮感。我也在這個過程中，重新設定自己面對人生的感受。那時候非常

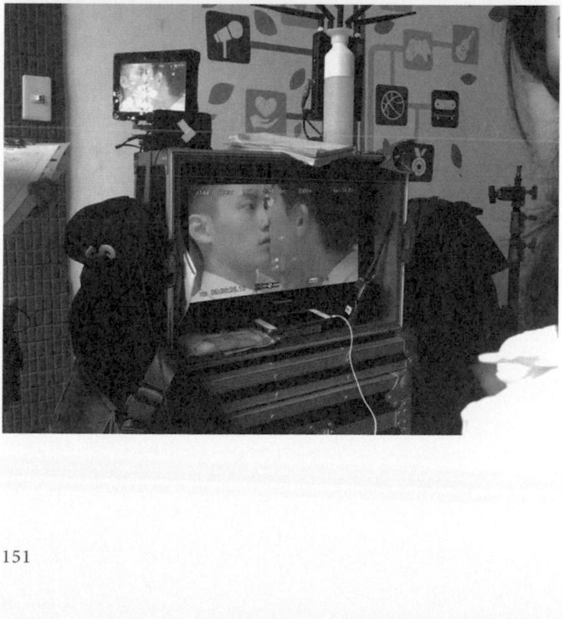

專心，完全不去擔心未來，而是躍躍欲試的只想著越界。

在這邊謝謝對手范少勳飾演的夏宇豪，在讀本與創造角色的過程中，我們很快地建立同一種頻率，也從他的分享學習到很多幫助進入角色的氛圍創造，我們一起去放學的高中門口，見習各種青春戀愛的小動作。也謝謝拍攝過程中，這位對手如此的認真與投入，讓我們的表演火花自然而然的碰撞成長。

拍攝《越界》的時間不長，二十一天我就拍了二十天。這樣密集的拍攝也讓我的精神非常集中，在拍攝過程非常投入，也有撞牆、困惑的時刻，當然糾結與遺憾也不少。但我真的給了《越界》很多很多，也從《越界》得到了很多很多，我在邱子軒身上感受到對球場的遺憾與不捨，然後從夏宇豪的身上得到了純粹的熱血與愛，從志弘中學排球隊的大家得到了活力與友情。

在拍攝創作的過程中，我們用彼此的角色碰撞靈魂，擦撞出很多劇本裡面沒有寫出來的情感交織與回憶。

面對球場自然而然的痛哭，球隊相處時自在的歡笑。

面對學弟愛慕的逃避，到最後兩人告白的真實感動。

在表演面前全部都如此真誠與純粹。都是我非常珍視的表演體驗。

原來演戲這麼專注，可以得到這麼多。

原來演戲可以這麼好玩。

殺青後，我好像沒有了能量，被掏空了一段時間。

剛好太太因工作外派，我一個人沉澱、感受，然後慢慢的回復生活。

我的代表作，完成

此時《越界》的經歷已經占滿我的能量，因為我把我當時所有學習到的、感受到的表演能量全數投入《越界》，甚至覺得離開演藝圈也無所謂，至少我有一個自己認可自己的代表作。我真的非常滿足。

試映會我只覺得片花好好看，滿滿的感動，我就是個臭直男，在試映的訪問失言，因為沒有做經營CP的功課，很誠實的回答我在拍攝當下的感受，沒有顧及到觀眾想要看的CP經營。因此在真的上線播放前，在網路引起一些小小的反彈聲浪，讓我對製作方非常愧疚。

幸好大家對這部作品充滿了信心，包括我也是，我們很愛這部作品，也讓大家愛上了這部作品。

我們真的沒有預期《越界》會如此受到大家的關注。播出後短短數週，我個人社群平台的粉絲數量從三千成長到近十萬，關注我們的人變多了，簡單來說就是爆紅的一種。而後續帶來的粉絲效應更是無遠弗屆，不只亞洲，連歐洲、東南亞，都有大量喜愛 BL 的觀眾，而且很幸運的是他們都喜歡我們的作品。

表演的感動

我們辦了人生第一場簽名會，還在舞台上跳舞表演，然後簽了七百多名粉絲的周邊，我們有寫真書、有咖啡廳，還有各種活動，我還因此去了日本參加粉絲活動。

當年《越界》還入圍了金鐘獎最佳迷你劇集。除了表演給我的感動，謝謝觀眾與粉絲們給了我很多的認可與回饋。更印象深刻的是，當初我去參加《超級先生》節目罵過我的粉絲，過來留言跟我道歉，並祝福我繼續成長走出自己的路。

我突然覺得我的努力值得了。直到現在，都還會有人說喜歡我們的《越界》，《越界》這艘船仍不斷的航行著，持續帶領我們經歷不可思議的旅程。

對於家人來說，我的成績應該稍微讓家人們放心了，我還記得我媽會看《越界》的寫真書，裡面還有我害羞的裸露畫面，我還把各種粉絲寄給我的禮物，拿給我媽收藏。

對於我自己來說，《越界》給予我表演上的各種體悟，還有演藝圈的體悟。我覺得我越了界，從路人越界變成了演員。

我終於敢自稱自己是個演員，因為我真的喜歡表演。然後許下了表演的初衷，希望自己成為一個有溫度的演員，持續表演、舒服的表演，讓觀眾能夠入戲，希望能用角色帶給觀眾各種感動。

謝謝《越界》，讓我越界。

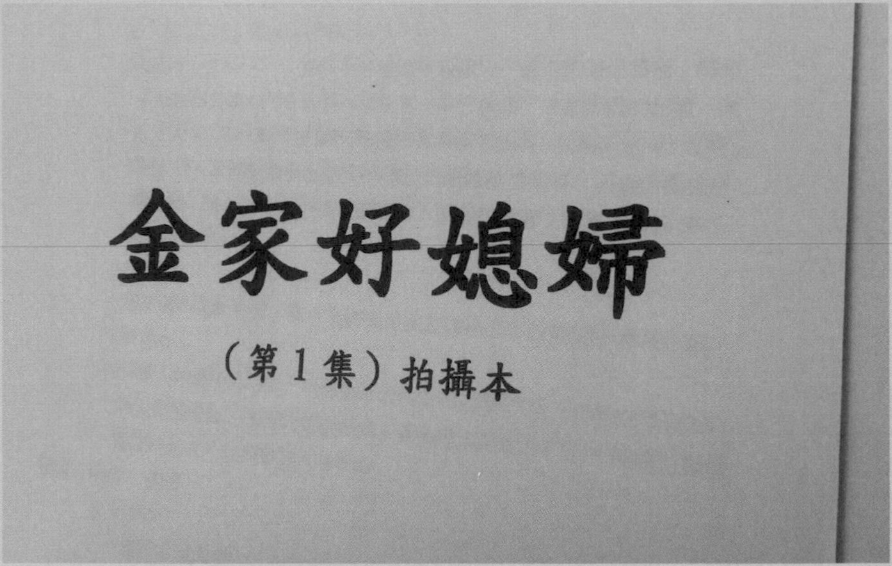

金家好玩家

以更多的經驗重回八點檔演出

有別於第一次拍攝八點檔的經驗，
這次再加入劇組，
一切都變得更有趣了。
有了其他戲劇的經驗與洗禮，
我打開了自己的心，
感受一切細節，虛心學習，
不只讓自己的表演更好，
也讓我有機會照顧我的家人。

拍完《越界》後，很幸運的，電視台又找我回去拍攝八點檔。跟製作人碰完面，就確定進組拍攝《金家好媳婦》，飾演金家最小的兒子，然後一樣已婚。我好像都脫離不了飾演小兒子的路線，但不同的是這次我成長了一些，我不害怕表演。我帶著這幾年的經驗回來接受挑戰，很感謝電視台願意給予機會，也謝謝宇宙。讓我能做自己喜愛的表演工作，又能穩定生活。

這一次的拍攝，心態很不一樣。

用越過界的表演體悟，去經歷棚內的長壽劇拍攝模式，又讓自己在表演上得到更多經驗值，一切變得有趣起來了。我開始嘗試自己的極限，因為打開了自己的心，願意去接納、去學習，才能跟初次拍攝的自己有了截然不同的體會。

感受環境、感受對手、感受細節。什麼事情都慢慢的、用心的去感覺，表演自然而然就會產生。原來所有戲劇要傳達的都是一樣的，愈自然愈能觸動人心。

雖然說長壽劇到後期大家都說劇情灑狗血，表演浮誇了，但讓人更佩服的是，所有的演員都是真心的付出能量去表演，愈相信自己，才愈能讓觀眾相信並接受，付出的努力無庸置疑。

能夠付出能力照顧家人，感覺真好

加入金家，好像也推動著我讓家庭更好，因為表演有了進步，這檔戲的演出變得相對穩定，我有了穩定的收入，我開始有餘力去改善自己的生活，慢慢存了一些錢，好好對待我們家的好媳婦們。

開始有餘裕可以負擔我媽的醫藥費，謝謝媽媽在這一年堅強的面對癌症，標靶藥物的治療有了效果，病情稍微穩定了一些，媽媽的勇敢與堅持，為我們爭取多一些的相處時間，這一年我和弟弟妹妹也一起完成了帶我媽媽出國玩的夢想。

這是登記之後，我開始覺得自己有肩膀可以負起責任。

我真的比較傳統，覺得能付房租，讓太太有更多餘裕過生活，對我來說很簡單也很滿足。我也多了和我太太出國去玩的機會，完成了一些人生清單的選項。我們在這一年會邀請朋友來家裡聚會，大家一起料理、一起包水餃、一起吃火鍋。

兩個人的時候，會在星期天睡到自然醒，散步去吃個早午餐，然後整個下午什麼事都不做，卻如此的輕鬆自在。

我們開始完成對於家的未來藍圖，我們先領養了一條狗，發現狗狗在我們出門工作後會有分離焦慮，我們又決定領養了第二條狗。

一家四口，其實很快樂。

和家人在日本留下美好的回憶

金家好媳婦殺青之後，我開始接觸世界。

那年因為旅遊和工作就去了日本五次，沖繩、東京、東北、大阪、北海道、熊本，從北到南，玩得比自己的家鄉還透徹。

起初是想完成和媽媽一起出國的夢想，考量到媽媽的身體狀況，我和弟弟妹妹選擇了沖繩，那是我和家人第一次一起出國，然後因為這次旅行發現弟弟妹妹都長大了，訂飯店和機票事宜都能幫忙處理，我負責支付大部分的費用。一家人在沖繩自駕遊，一起去一些網美打卡的地方、一起吃一些當地美食，一起逛免稅店，簡簡單單的就很滿足。

因為帶著媽媽，我們走得很慢，其實也希望時間能走得再慢一點。

原本計劃是趁媽媽還有體力的時候，能多帶她出去走走，但沖繩之旅變成唯一一次，也是最後一次和媽媽一起的旅行。

後來媽媽的身體對化療藥物開始出現了排斥，抗癌的效果減弱，也因為化療的醫療疏失，對媽媽的身體造成一些負擔，身體沒有我想像的那麼樂觀，只是當時我還沒意識到而已，還好宇宙讓我先有了穩定的工作，讓我完成了一起旅行的夢想，也謝謝有這次旅行，至少讓我有一個帶媽媽旅行的記憶，讓這次旅行對我來說別具意義。

很神奇的是，我開始頻繁的飛往日本，因為大學好友嫁去日本大阪，所以先跟太太安排了一次大阪的小旅行。

超幸運的工作，在日本邊吃邊玩

然後幸運的又接了日本東北觀光局的工作，去了日本東北四縣，山形、岩手、青森、秋田。結合《食尚玩家》的節目型態，讓我和吉祥物蛙蛙一起主持旅遊節目，因為蛙蛙的特色就是不會說話，所以基本上都是我自己一個人的主持秀。

但是能吃就是福！

可以在工作中邊吃邊旅遊，何其有幸。所以我玩得很開心，也工作得很賣力。我們走過銀山溫泉，去了十和田湖划獨木舟，在青森奧瀨入溪流邊散步，去私人景點淨土之濱、搭遊覽船餵海鷗，還去喝了田澤湖啤酒。

然後跟團隊一起經歷遊覽車拋錨，日本籍的司機大哥一面說著：「大丈夫！大丈夫！」一面處理駕駛座旁邊因引擎過熱傾瀉而出，讓整台車煙霧瀰漫的冷卻液水蒸氣。司機還帶我們去吃休息站美食烤羊肉，是種在地的、內行的情懷，就是比較好吃。

記得我還在魚市場衝著《食尚玩家》的挑戰招牌，生吃了奇特的海產海鞘。味道深刻到我在打這段文字的時候，還不自覺露出僵硬的表情。

謝謝世界選擇了我，讓我去體驗世界。

謝謝這趟旅程讓我吃了很多東西，讓旅程的記憶因美食更加完整。

同年年末，再度跟大學好友及太太去北海道自駕旅行，快意的在整片黃色的山林裡開著車，享受一大片廣闊的原野與深夜的銀河，都是以前沒有過的旅行記憶。

回頭看看，宇宙好像先讓我體會了一些好處，去旅行了好多次，

接下來因為 covid-19 新冠肺炎的肆虐，整個世界進入了疫情時代。

味道的傳承

媽媽最美好的一面與料理，都在我心中長存

因為疫情，整個世界變化很大，不能出國、出門要戴口罩、要保持安全距離，人與人之間的相處變得很困難，也多了一些冷漠。

很多工作受到衝擊，停擺、停拍，work from home 等等的新工作模式開始執行。

對於演員來說，疫情帶來的影響真的很艱難。

對於我們家來說，也到了艱難的一刻，媽媽的病情惡化，身體狀況急轉直下，原因是因為轉移腦部的癌細胞擴散變大，壓迫到腦神經，導致媽媽會常常跌倒、神智不清，甚至睡覺翻身會摔下床，這次也是因為在睡夢中摔下床送醫，變成長期住院。

我回去探望媽媽的時候，她已經沒有清楚的意識，沒有辦法認出任何人，除了陪在她身邊的家犬 lulu，那時候她能說出的單詞只有汽水、還有 lulu 的名字。

無法重來的懊悔

我還記得一接到媽媽住院的消息時我馬上趕回去，跟著爸爸一人一邊，連同病床將媽媽推去做精密的檢查，雖然我們輕易的用四個輪子乘載推行著，但我又一次感受到生命的重量，原來這麼的沉重，然後懊悔席捲全身，我開始回憶我最後一次跟媽媽說話，說了什麼？

那一通電話，那頭的媽媽好像知道自己的身體狀況，說著自己好像時間快到了，抱怨一些家中的瑣事，而我其實很不願意聽到這樣氣餒的話語，只記得我態度強硬地叫媽媽不要胡思亂想，甚至有點生氣，話題結束的不是很開心，我因為她的失落而發脾氣，自以為能夠給她一些激勵的能量。

然後過了幾個禮拜？還是幾天？我沒有辦法計算。

回到現實中，我看著沒有意識的媽媽，想再請她說話都沒有辦法，那通電話就是我們最後的對話。

這次的狀況很不樂觀，任何積極治療的預期效果都不高，我和爸爸聽完醫生評估，和弟妹討論後決定放棄對媽媽的急救，這段時期很難熬，什麼都不能做，只能在醫院陪著，看著媽媽在那裡辛苦的撐著。

病人很辛苦，家人一樣很辛苦，因為肺炎疫情影響，不能輕易進出醫院，只能一人陪病，那個月爸爸、妹妹、弟弟盡心盡力的輪流照顧媽媽，我偶爾回去跟他們換班。

堅持了一段時間，媽媽仍然走了。

媽媽離開教會我的事

我接到媽媽走的消息時人在台北，很意外的，心情很平靜，可能是自從媽媽癌症之後，每天都在心理建設她總有一天會離開，一直不斷地幫自己打強心針。很希望多一些時間，但媽媽努力過，也真的讓我們有多一些時間。從原本醫生評估只剩下半年一年的壽命，到最後她離開時，抗癌的路已經走了接近四年，因為媽媽的努力，她讓自己多陪伴了我們一段時間，她為自己創造了奇蹟。

經歷了這幾年，能了解抗癌之路很辛苦，而病人的痛苦沒有其他人能體會，那份孤獨和無力，只有病人自己承擔著。家人能為病人做的不多，只有陪伴和打氣，不容易的是除了時時刻刻提醒自己要正面積極，還要承受病人的負面與無助，但其實大家都是無助的。

還好我們因為癌症，學會敞開了一些，願意扶持家人。

因為癌症，讓大家學會了愛。

因為親人摯愛的逝去，讓大家學會了勇敢。

媽媽的離去，讓我心裡破了一個洞，雖然是洞，但當時我覺得沒有事物能夠傷害我，好像吃了遊戲裡的無敵星星，無敵了一段時間。

因為面對媽媽的逝去，我學會了和解與釋懷。原本的懊悔，在經歷過喪禮期間與家人的對談，漸漸地淡化了，其實自己一直給予家人們一些溫暖的能量，是我自己沒有預想到的答案。

雖然自己沒有達到心中最理想的孝順，但慶幸因為癌症，我發現我對媽媽的愛很深，也體會到媽媽對我們的愛無法替代，因為知道剩下的時間不多，所以一起完成了一些事情、一起吃過一些美食、一起經歷一些回憶，反而生病之後的記憶，到現在還一直鮮明的保存在心中。

而媽媽也會在我的回憶裡永遠青春美麗。

媽媽留下的味道，我來傳承

在辦完我媽後事的那一週，整理老家的廚房時，發現廚房用具都是我媽的遺物，因為家人不做飯，我變成家裡唯一可以用料理跟媽媽有連結的人。我把她在全聯集點換的 Jamie Oliver 菜刀帶到台北，再隔一段時間，我把她的 Jamie Oliver 砧板也拿來湊成一組。

好像從這段時間開始，我變得很頻繁的進廚房做菜，因為想念媽媽的時候做菜，會想起媽媽在廚房的樣子。回想她會下多少鹽巴、什麼時候下米酒，想起她跟我分享又在 YouTube 上學了什麼麻油煎蛋加在蛤蜊湯上的獨家料理，還有想起小時候吃的泡菜麵要加的泡菜罐頭牌子。

每一次備料的時刻，相似的回憶就會一點一滴慢慢的跑出來。然後我再用同一把菜刀做料理給我的家人吃，給我的小孩吃，給我自己吃。就好像我媽一起參與了這份料理，也參與了孩子的成長一樣，還能融入我們生活的一部分。

謝謝媽當初換了這把菜刀，我還可以用很久。

謝謝我以前沒事會去廚房看妳在幹嘛，雖然沒有很頻繁，但讓稀少的回憶變得很珍貴。

媽媽過世一年後，我們回家做對年儀式，我在整理冰箱的時候發現媽媽過世前買的冷凍螃蟹，保存期限還未到期，我就拿來做螃蟹粥，然後開玩笑的跟家人說這是媽媽最後的味道，除了刀具留了給我，還用意外的冷凍遺物，跟媽媽合作做了一道期間限定的料理。

不只是味道的傳承，而是將媽媽對家人的付出與關愛，透過進廚房料理忙進忙出的儀式，交接給我。

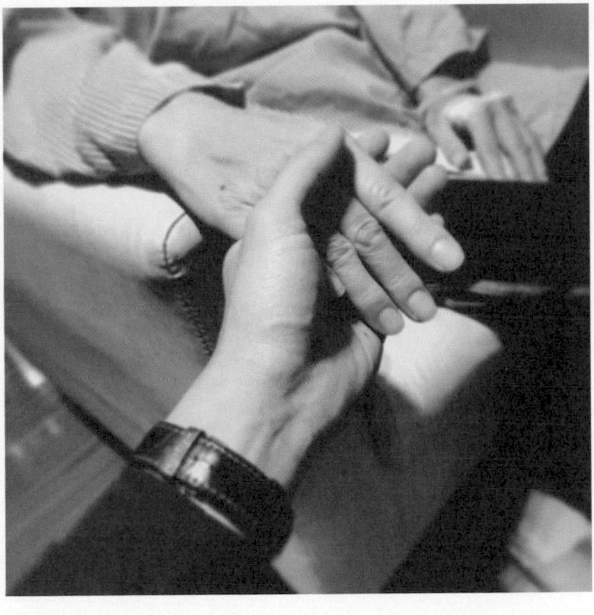

媽，謝謝妳。

RECIPE

【蒜頭雞湯】

我們結婚後第一次煲的湯就是蒜頭雞湯，結果放太多蒜頭讓我和太太胃痛，然後不服輸的慢慢改良，也真的慢慢變得好喝了。

材料 （約 2 ～ 3 人份）

雞腿切塊 約 150g
蒜頭 約 200g
蔥 1 把
紹興酒 適量

作法

1. 雞肉洗淨切塊備用。
2. 蒜頭剝皮保持完整備用；蔥切蔥花備用。
3. 熱鍋不下油，直接下雞肉慢煎逼出水和雞油，接著下一半的蒜頭，用雞油一同拌炒至變成金黃色。
4. 加水 1000c.c. 小火煨煮，然後下另一半蒜頭一起熬煮。
5. 蓋上鍋蓋熬煮 20 分鐘，然後開蓋開大火下些許紹興酒，待酒精揮發即可下蔥花關火，視口味加點鹽巴調整即完成。

彥澤小提醒

・蒜頭也可以另外用油鍋炸好，再一起下鍋稍微炒一下也可。
・紹興酒以米酒替代也可以。

RECIPE

【奶香香腸義大利麵】

我跟太太的某次情人節料理，也是我認真為太太煮的第一道料理。

材料 （約 2 ～ 3 人份）

義大利麵 1 把
德式香腸 3 條
花椰菜 1 把
洋蔥 1 顆
蒜頭 5 ～ 6 瓣
牛奶 30 ～ 50ml
奶油 20g
鮮奶油 10ml
黑胡椒 適量
鹽 1 茶匙
橄欖油 2 湯匙

作法

1. 花椰菜洗淨切成好入口大小，先下水汆燙 1 分鐘撈起備用。
2. 洋蔥切絲、蒜頭切碎備用，香腸切段備用。
3. 起 1 鍋水加入 1 茶匙的鹽巴煮滾，下義大利麵條煮約 8 分鐘（可參照各種麵條包裝標示）
4. 熱鍋下橄欖油與奶油約 10g，下洋蔥炒軟，下煮好的義大利麵拌炒。
5. 下另 10g 的奶油在麵中間，融化後下蒜頭末炒香。
6. 接著下牛奶、燙好的花椰菜與香腸段，炒至稍微收汁後即可下鮮奶油拌炒，讓口感更滑順。
7. 起鍋前下少許鹽巴、黑胡椒即完成。

RECIPE

【冰花煎餃 & 味噌海帶芽蛋花湯】

我們一家都喜歡吃麵食和餃子，單純水餃吃久了也會膩，那就吃煎餃，再做一些變化，嘗試做出冰花底，好看又酥脆好吃，同時煮個湯，就是一頓舒服美味的家常套餐。

材料 （約 2 ～ 3 人份）

冰花煎餃

水餃 20 顆
玉米粉 10g
水 200ml

味噌湯

味噌 1 湯匙
柴魚片適量
海帶芽 1 把
板豆腐 1 盒
蔥 1 把
蛋 2 顆
醬油 1 湯匙

作法

1. 板豆腐切丁、蔥切蔥花、蛋打成蛋液備用。玉米粉加水（比例，10g 粉：200ml 水）調和。平底鍋熱鍋下油，放上餃子小火慢煎。
2. 同時湯鍋煮水，水滾後轉小火下柴魚片。
3. 餃子底部煎至金黃，下玉米粉水，轉中大火將粉漿蒸發一些，然後轉中火，蓋上鍋蓋燜煮約 7 ～ 8 分鐘。
4. 另一湯鍋放入高湯，水滾下豆腐、味噌，然後開中大火讓湯滾起，同時下蛋液攪拌成蛋花，最後放入海帶芽及調味，視口味增減鹽巴或醬油，即可關火撒上蔥花完成。
5. 開蓋觀察煎餃底部的粉漿狀態，煎至微微焦脆不黏鍋即可起鍋。

彥澤小提醒

- 可以再準備一些鰹魚粉，如果湯頭味道不夠可以再加一點。
- 建議買奇美的水餃，很適合煎或蒸。
- 味噌看你的口味可自由增減，醬油不只調味，也可以調色！

RECIPE

【蒜香奶油素干貝】

杏鮑菇是很好用的食材，用杏鮑菇偽裝干貝，劃格紋吸飽奶油美味，同時再用奶油爆出蒜末香氣，好吃到不行！這道療癒系料理，連我家小朋友都很喜歡。

材料 （約 2 人份）

杏鮑菇 3 ～ 4 條
蒜頭 數瓣
無鹽奶油 約 20g
醬油 約 2 湯匙
大阪燒醬 少許
蔥 1 根

作法

1. 杏鮑菇切段（約 2cm），將其中一面用刀劃格紋備用，時間夠兩面都劃格紋也可以。
2. 蒜頭切碎，蔥切蔥花備用。
3. 平底鍋小火熱鍋，下一半的奶油，將杏鮑菇下鍋，將格紋面朝下用奶油煎香，煎至微微金黃即可翻面。
4. 下另一半的奶油，蒜末同時下鍋爆香。
5. 小火慢煎，可以蓋上鍋蓋燜煮 1~3 分鐘。
6. 淋上醬油及大阪燒醬，煎至稍微收汁即可起鍋。

彥澤小提醒

・大阪燒醬可視個人口味增減。

RECIPE

【媽媽留下來的螃蟹粥】

媽媽過世一年後回家參加對年儀式，結束後整理冰箱發現媽媽生前買的螃蟹，趁還沒過期就把它料理掉，算是另類的期間限定，跟媽媽共同合作的最後一道料理。

材料　（4 人份）

媽媽留下來的螃蟹 3 隻
或蟹鉗 10 隻
海鮮高湯 2 罐
高麗菜 1/4 顆
新鮮香菇 2 朵
隔夜飯 約 3 碗
蛤蜊 約 10 顆
鹽 少許
白胡椒 少許
蔥 1 支

作法

1. 香菇切絲、高麗菜切絲備用、蔥切成蔥花備用。
2. 螃蟹切半備用，或蟹鉗洗淨備用。
3. 熱鍋下少許油，下香菇與高麗菜，炒軟炒香。
4. 加入熱水 1000c.c. 與高湯 2 罐。
5. 下隔夜飯將米飯煮成粥狀，持續攪拌至不黏鍋（約 10 ～ 15 分鐘）加入蟹鉗與蛤蜊，蓋上鍋蓋，轉中小火燉煮約 5 分鐘。
6. 開蓋試味道，可加入鹽巴及白胡椒，最後撒上切好的蔥花即可。

彥澤小提醒

・其實一般螃蟹就可以，也可以用蟹鉗代。

CHAPTER 4

給予付出才是幸福

我成了真正的一家之主，

深刻體會到，有能力付出真的好幸福！

尤其是做菜給家人吃的時候，

一幕幕曾經溫暖過我的回憶湧上，好像在跟我說，

現在，換你把我們家的味道傳承下去吧！

GOOD MORNING

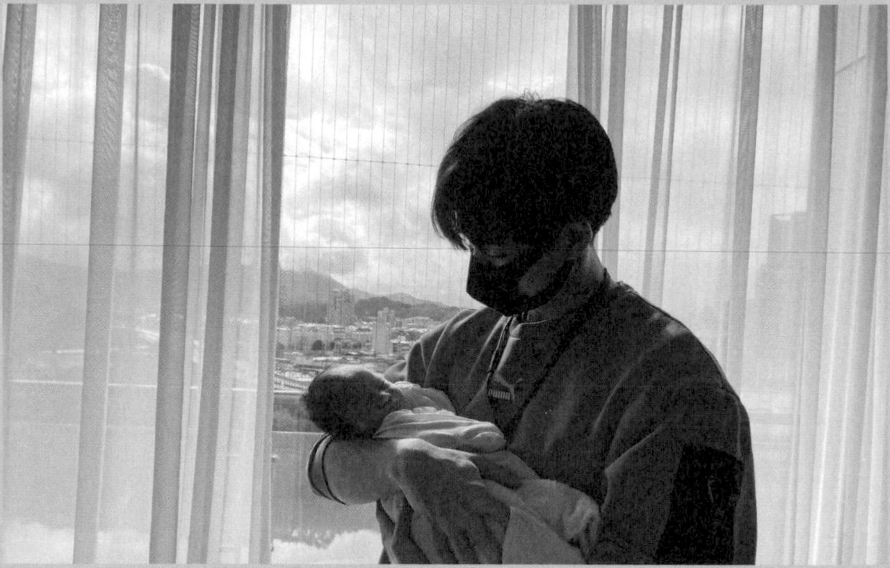

我要當爸爸了

除了兒子、人夫與演員之外，新增的身分與責任

就在我們接受預示，
一切順其自然之下，
這個孩子來了！
在家族最悲傷的時候，
為大家帶來一絲欣喜。
一個生命的離去，
加上一個新生命到來的悲喜交雜，
溫暖了全家人。

升格當爸爸這件事情很奇妙，一切都像是安排好的一樣。

還記得幾年前我對演藝圈發展還很困惑的時期，我找了一位星座老師聊天，想請他開示，聊了很多工作的事情，也得到一些解答，但很奇妙的是，話題中間，老師看了我的星盤推算了一下，突然開口跟我說，我大概三十二歲左右會有一個小孩。

「蛤？」

他還問說我會介意是男生女生嗎？以星座的概率來看可能會是個女孩。有趣的是當時的我和太太並沒有任何生小孩的計劃與徵兆，所以我笑笑的回應當然不介意，女孩更好。

但這個話題讓我印象深刻，竟然用星座可以看到未來的規劃，一回家我就跟我太太分享，當然我和我太太並沒有特別放在心上，也就稍微遺忘了這件事情。

進入下一階段的家庭藍圖

真正推動這件事情是我媽媽病危住院後，那一個月發生的改變。

當時的我跑了熟識的宮廟問事，希望有機會用信仰的力量去拯救我媽，經過一些儀式請神明降駕，我很誠心地詢問，得到神明的回應是我們家的祖先想把媽媽帶走，如果我身為長孫能盡快留後代，可能媽媽的病情有機會改善。我和太太都想起了星座老師的提醒，發現加上這次神明的開示，已經是第二次的巧合要我們生小孩了，既然都出現像是宇宙訊息的兩個巧合，我和太太也覺得年紀差不多，其實可以往下一個家庭藍圖邁進，就不排斥這件事情的發展，一切順期自然試看看吧。

還來不及確定有沒有懷孕，我媽就先離世了。

媽媽過世後我自己一個人先回鹿港奔喪，太太繼續在台北工作等我通知告別式的時間，在與葬儀社對流程時，我心血來潮順便詢問孕婦在告別式可能要注意一些什麼禁忌，可能剛好感受到那段時間太太的身體有些變化而有些預感，先了解也比較安心，也同時請在台北的太太自己先驗孕看看。

記得是守靈的第三天，我和弟弟妹妹在客廳摺要燒給往生者用的紙蓮花，手機突然收到我太太傳來一張照片，驗孕棒兩條線的照片。

我們確定要當爸媽了。

悲喜交雜的暖心感受

當下我的心情很複雜，悲喜交雜在一起，但心裡是溫暖的，縱使我媽的離去讓我心中破了一個洞，但同時宇宙又給了我另一個重心，讓我可以依靠。

我把訊息分享給我爸、還有弟弟妹妹，跟他們說他們都要升格當爺爺、叔叔與姑姑了，一則訊息，暫時淡化了我們的悲傷，在失去至親的哀痛中，又充滿了新生命的期待。

習俗是懷孕未滿三個月不能公開，所以太太回來陪我守喪的時候我們都守口如瓶，沒有跟其他的親戚朋友說。

直到告別式那天，除了要在我太太的肚子綁紅線擋煞以外，我們才知道儀式上她都不能下跪，怕會動到胎氣，所以司儀在所有來參加喪禮的親戚朋友面前，直接幫我們公開長孫媳有孕在身的訊息，讓在場的親戚朋友同時感受到有悲又有喜的情緒，登場的方式有那麼一點戲劇化。

雖然來不及讓我媽知道，但這個生命到來的時間卻又如此剛好，感覺就像是命運安排好的來為我療傷，除了帶給我溫暖，也讓家族的親人們充滿期待，淡化了悲傷。正在面對親人往生的苦痛時，卻又同時得到新生命帶來的溫暖能量，我想這種經驗不是人人都會有的吧。

這個生命來得又急又猛，熱烘烘的溫暖了大家，所以我想叫他小暖爐。只希望在某個次元小暖爐和他的奶奶有擦身而過，或某個平行宇宙中他們能互相擁抱，互相觸摸，我常常會想像這樣的畫面。

一個屋簷下

剛剛好的工作機會，
剛剛好的人生進階歷程

這不僅僅是一部戲劇的名字，
也是我當爸爸後接到的第一份工作，
各方面都充滿意義。
填補角色的同時，也療癒了自己，
穩定拍戲的同時，
也盡心照顧超級女孩，
更為了孕婦和寶寶天天下廚，
戲劇中的家庭和我自己的家庭，
都在前進當中。

我常說宇宙會安排好我要走的路，這部戲劇的到來也不例外，我接到這份工作的電話時，人在醫院和我爸正要簽署我媽的放棄急救同意書，沒有考慮太久，當時能有事情讓自己專注忙碌，不要太擔心媽媽的事情，所以我很快就決定接下這份工作，然後我還跑到我媽的病床旁，跟她說我要拍新戲了，希望她要好起來，看我演出，雖然她也沒有機會看到就是了。

戲劇因為疫情延宕了二個多月，而剛剛好就在停拍的那段時間，我媽離世、我老婆懷孕，正好利用空下來的時間讓我將家裡的事情安排妥當，接著就順利復工。

現在回想一切都彷彿安排好的一樣，剛剛好的不可思議。

與角色相互填補也互相療癒

角色的人選原本不是我，不去糾結太多原因，就結果論來說我接到了工作就是好事，以第一順位替補演出，有種臨危受命的感覺，所以我接受這樣命運的安排，也期待著與角色相遇，我進組已經是開拍前夕，他們前製了數個月，我飾演的角色叫做喬凡，是一個咖啡廳老闆，為了跟上進度與接近角色，我很緊急的找了朋友的咖啡店讓我練習拉花，還有體驗店內的營業感，也感謝大家的幫忙讓一切都順利到位。

而這個角色的背景故事也跟失去有關，原本是與媽媽相依為命，後來媽媽離世只剩他一個，然後又因為意外失去了陪伴他經歷喪母之痛的女友，等於是相繼失去兩名摯愛，這樣的設定很快就引起我的共鳴，跟我當下的心境很相似，彷彿又像是這個角色來找我一樣。

不知道是我在填補角色，還是角色在填補我？我從這個工作和這次的劇本體會到這件事，演員讀完劇本會觀察劇本與角色的空洞，然後用自己的情感和想像力去填補，讓角色長出厚度。

但在飾演喬凡的同時，我卻也被他填補了，喬凡雖然是編劇筆下的角色，但他經歷過喪母與摯愛離去的雙重打擊，卻依然溫暖的面對人生，遇到愛情雖然一度害怕，卻也勇敢面對自己，然後再一次的選擇付出，每一次角色跟著劇情的發展，去經歷、去學習，我都跟著喬凡一起走，跟著角色面對這些事情，也都給予我很大的勇氣，在扮演喬凡說出療癒的話語時，同時療癒著我自己。

讓我更深入學會愛的劇本

這個劇本讓我學習關於愛的課題，要怎麼過自己的人生，端看自己的內心怎麼選擇，喬凡傷痛過，但他選擇愛這個世界，就算曾經受傷過、卻又勇敢的再次去愛，然後受傷、成長、最後體悟，再被療癒，然後慢慢的生活，慢慢的體會當下。回過頭看看自己，現實急躁慣了，有時候還會好高騖遠，忙碌又盲從的生活很需要被提醒，要自己好好的專注當下、享受當下。或許是我很愛這個角色，所以我把他美好化了，但一個慢活、浪漫、又溫暖的人確實吸引我，謝謝他選擇我來扮演他。

慶幸遇到了好的團隊與好的對手，讓我很放鬆的把自己交了出去，導演也提醒我不要太過於沉溺在傷痛中，人總是要繼續往前走，表演也是，不需要太過執著。而對手也在得知我的家變後，推薦書籍與歌曲鼓勵我、幫助我放鬆心情，這樣的互動在前期作業就給予我和這個角色建立起很大的信心，然後一起經歷劇情的變化與艱難的拍攝，培養起默契與革命情感，就好像一個屋簷下的家人。

因為有了這些過程與連結，慢慢幫助我成就角色，更有企圖心的想進一步去完成與對手的表演，於此同時其實對手也正在幫助我自己完成我的表演，一切都是不斷的互補、互相襯托、互相激盪，戲劇從來就不是一個人能夠完成的，其實成立一個家庭也是。

為了媽媽和寶寶，廚藝大精進

那一陣子我很充實，因為太太懷孕激起了我的某種力量，平常會賴床的我竟然不懶惰賴床了，想要親自保護母子平安的心，我開始強迫自己每天早起開車載我太太上班，一起感受塞車，同時還可以感受一天天變大的肚子裡這個小傢伙的存在。

每天的陪伴，感受孕婦的身體變化，體會到孕婦的辛苦，盡全力的想為她做一些什麼，除了接送上下班以外，我突然發現進廚房料理就是我能為家庭付出的一種方式。

我開始研究各種菜色、煲湯、燉菜、還有嘗試一些功夫菜，原來為了家人的付出，可以讓自己的廚藝進步。

原本只是偶爾下廚，現在變成日常瑣事，

以前重油重鹹，現在會注意孕婦健康而盡力避免，備忘錄開始存一些孕婦能吃、不能吃的食物，現在變得更常一起去賣場買菜，真正建立起家庭儀式感的時期，就是在我們變成父母的這段時期。

廚藝愈來愈進步，太太也吃過不少我的料理，某次我心血來潮問太太最愛吃我煮過的什麼料理？原本期待會回答一些功夫菜色，結果答案竟然出乎我意料的非常單純，炒米粉和涼拌菠菜豆腐。

原來只要有愛的料理，簡單平凡也很美味。

而我們一起對家庭充滿無限美好的想像，讓我不斷感受著當下，我每天都懷抱著新生命的期待與感恩進組拍戲，發現這樣滿滿的能量能幫助我進入角色，難得的感受到生活與工作互補的狀態，除了盡力的拍攝《一個屋簷下》，我也正滿懷期待的建立一個屋簷下。

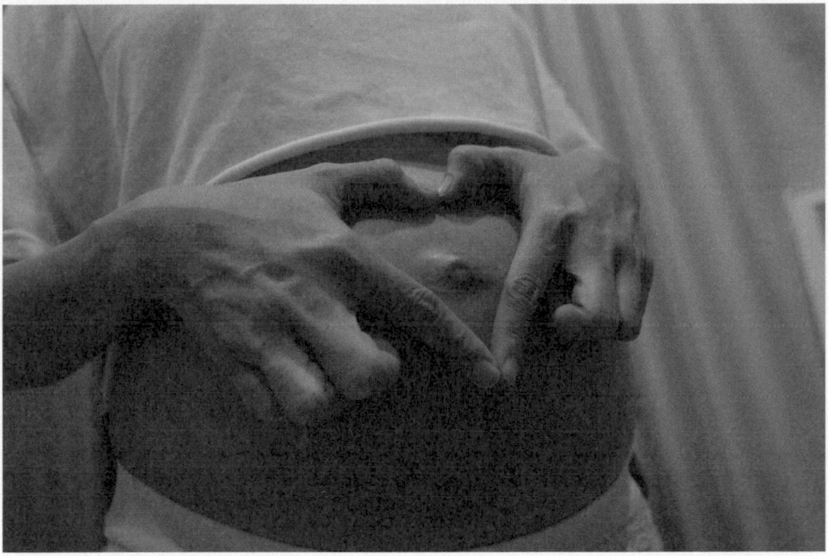

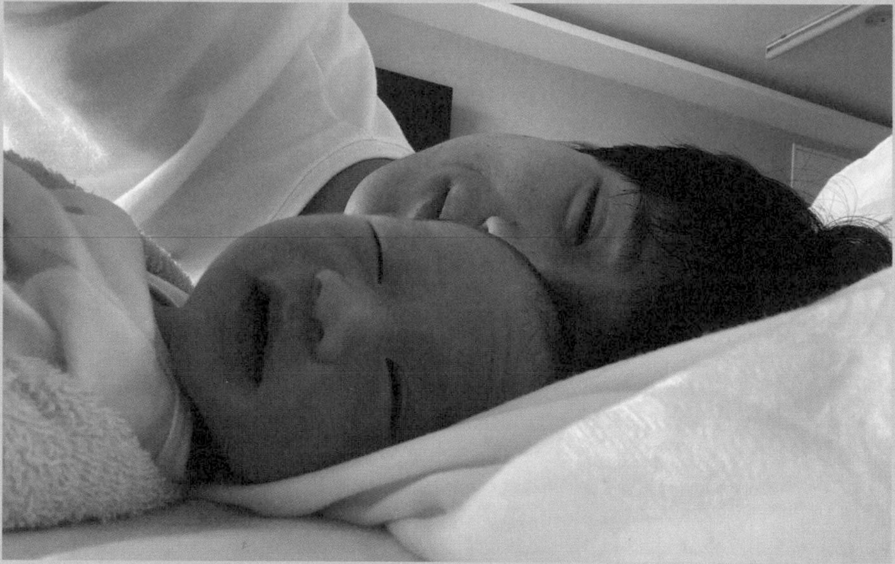

小暖盧報到

這世界上又多了一個人，能夠讓我奮不顧身

時間過得很快，
因為工作與生活都過得充實，
轉眼間就到了小暖盧待產的時刻，
為了能陪伴我太太待產，
我很奮力的想將拍攝工作都排開，
是我工作以來第一次表達出必須休假的強硬態度給我的同事和劇組，
一切都是希望能讓我有時間參與小孩的出生。

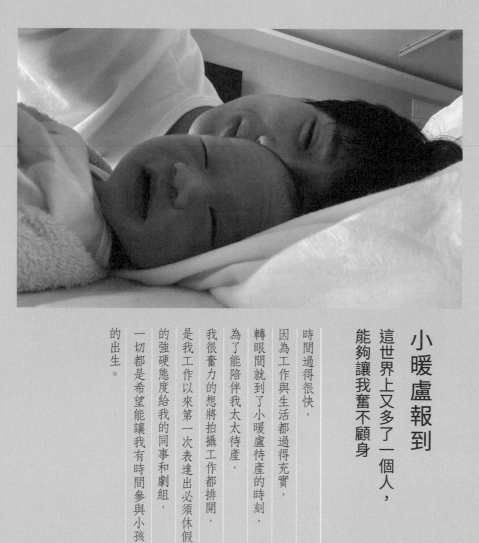

莫名的將儀式感表達在這種地方，但當時真的很希望自己能在場，迎接這個新生命的到來。

我才體會到原來當了爸爸後，真的可以為了家人奮不顧身。

幸好最後的協調順利，劇組有排出時間，讓我能夠進入產房陪伴生產。

陪產是一定要做的事

那天工作結束後我趕回家，陪著我太太準備待產包，帶著興奮的心情打理一切，進入待產室的時間是晚上十一點，時間突然變得很緩慢，我原本以為寶寶隨時都有可能會出生，沒想到是一整個晚上精神與體力的抗戰。

一開始我還能輕鬆地用手機記錄畫面、還有胎兒心跳聲，然後看著太太開始經歷陣痛、安排注射無痛分娩、然後陪他做深蹲運動，一切彷彿昨天一樣歷歷在目，只記得到了凌晨四點多，我們還在等待生產的徵兆，孕婦因為陣痛而難以入眠，我身體很累，但仍然無法放心睡眠。

因為護理師進房而驚醒時是早上六點多，才發現自己不小心睡著，護理師評估還沒有達到寶寶想要出來的徵兆，吃完早餐後，太太說應該還要一段時間，就讓我先回家遛狗餵毛孩們吃飯，就在我到家正在遛狗的時候，太太傳來簡訊說已經開了三指，我趕緊帶狗回家倒好飼料，然後就馬上趕回醫院。回待產室的時候，我太太不在床上，一陣緊張與慌亂，我以為我要錯過了，護理師說太太只是先進產房等待，還要等醫師來接生，還好一切都還來得及。

我沒有錄影片，因為我想將我兒子出生的每一個畫面用肉眼牢牢記在我的腦海裡，我在我太太的身後陪著他，每一次他的深呼吸我都跟著緊張，感受著他不斷地呼吸、用力、推的循環，隨著太太極度用力與痛苦的某個瞬間，我們知道兒子出生了。

我們一家，三個人

我們一起看著醫師將我兒子舉起來，他沒有哭，醫師說寶寶有點倔強，但是我有點緊張，因為我腦海中接收到的資訊，新生兒應該是嚎啕大哭的狀態，然後護理師接手將寶寶擦拭乾淨，搓搓身體按摩刺激，這時我兒子才終於發出第一聲哭嚎，聽到他愈哭愈用力，我才真的放心，才真的覺得他平安抵達了這個世界。

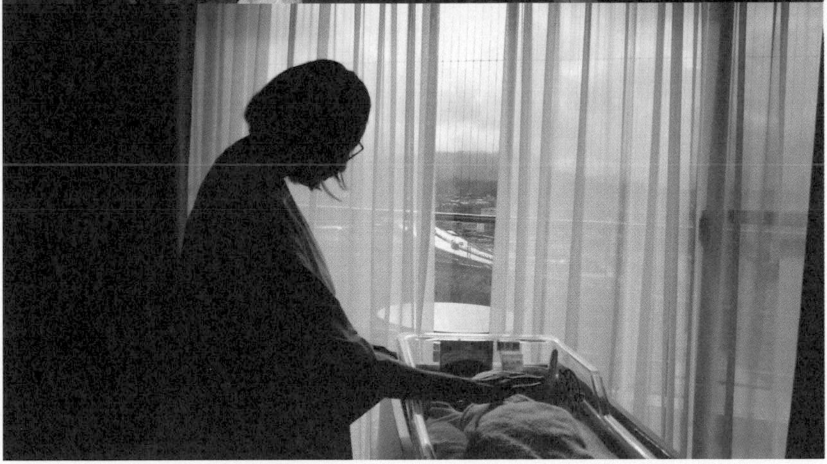

這些過程其實發生的很快，因為緊張，所以很多感受是很混亂的，直到護理師將寶寶放在媽媽的身上進行親密接觸，我才真的冷靜下來，去感受成為一家人的瞬間，那一個我們真的變成父母的瞬間，去體會那一份成為家人感動。

盧太太，妳真的辛苦了，謝謝妳。

小暖盧，歡迎來到這個世界。

剛出生的小孩皺巴巴的，就算醜，我還是覺得醜得很可愛，這時候我們就開始觀察與爭論，到底是比較像我還是像太太，但其實沒有意義，因為這個階段的嫩嬰根本看不出來，他就是隻眼睛張不太開，肩膀還有細細體毛的小猴子。對待小嫩嬰，不自覺的每一個動作都會細心呵護，每一次接觸都深情款款，沒事就會聞他身上的味道，就連我爸來探望我們，升格成爺爺看到小嬰兒的那股眼神，我都感受得到充滿濃濃的愛。

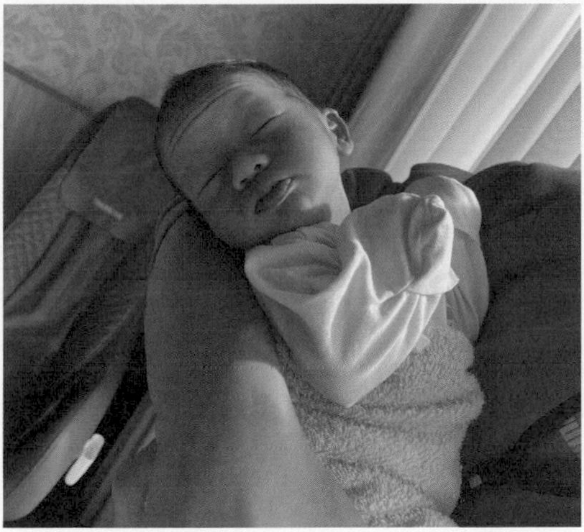

從懷孕時就帶給我們很多溫暖的能量，直到出生我們真正觸碰的那一刻，這個小生命不斷的給予我們以前從未感受過的豐富情感，還讓我體悟到，原來我能夠有如此滿溢的愛。

我是神隊友

而且我還是一個兒子傻瓜

經過月子中心的實習，
我們慢慢地掌握一些寶寶的照顧方式
與生活習慣，
期間也感謝月子中心的幫忙，
我和太太才能好好休息，
還能偷偷出去約會。
然後做好各種心理準備，
因為將寶寶接回家才是爸媽真正的挑戰。

媽媽真的很辛苦，幾個小時就要起床擠奶，導致睡眠時間非常不足，還會因為脹奶、產後的傷口修復，大部分時間都很虛弱。所以我自願在半夜起床餵奶，希望能分攤媽媽的辛苦，而那段時期就算凌晨三、四點起床我也心甘情願，甚至甘之如飴，因為這時候的寶寶就像天使，會安靜的躺在你的懷中或大腿上，他的每一個呼吸和舉動都很輕柔，就連踢腳都很可愛，還會發出一些奶音和奶味，我都會認真地注視著他，感受這些細節，然後開始變成一個兒子傻瓜。

一切，包在我身上

這段時間我變得更強大了，下班我會先去買菜，然後回家煮飯，各種肉類排餐，還有家常菜，我都去研究料理，然後燉湯、煮甜湯給我太太，幫助她補充奶水和蛋白質，盡量煮出營養豐富又美味的月子餐。

現在回頭看手機備忘錄裡，這個時期除了記錄著寶寶換尿布的時間、餵奶的奶量、還有小便、大便的次數以外，再接著寫下我突然想到要買的料理清單。

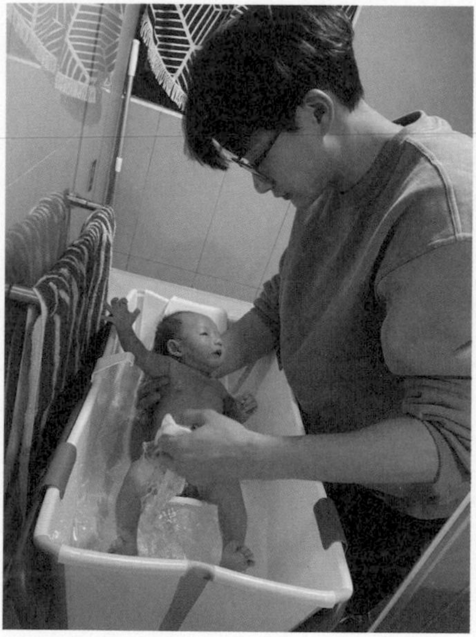

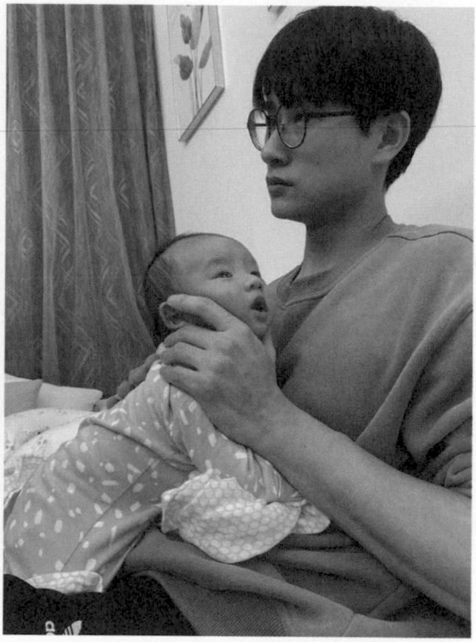

隨著孩子愈來愈大，進入口腔期開始什麼都咬、什麼都吃，各種米餅，手指餅乾成為家中的常備品，而為了吃得更健康，我們夫妻倆開始研究自己烹煮副食品，各類寶寶粥，還有原形的手指食物開始出現在餐桌上，玉米筍、紅蘿蔔、花椰菜就是我們的好朋友。

就在兒子吃的東西愈來愈多後，反應開始變得很直接，不喜歡就完全不吃，或是原本喜歡的東西在某一刻突然吃膩，然後就再也不碰了。就像他的好朋友玉米筍，原本可以讓他緊緊握著、吃得津津有味，某一天將玉米筍丟在地上變成「在地美食」之後，就知道他再也不會接受它了。

孩子真善變。

成為神隊友，甘之如飴

原型食物與清淡的調味無法滿足兒子後，我和太太開始傷腦筋，我們嘗試各種青菜的組合變化，水煮或清蒸的方式輪流料理，雞肉、豬肉泥加上豆腐和蛋就變成好吃的丸子。更簡單的，就是將菜與肉全部熬成一鍋營養的粥，風險很高，有的口味很受兒子喜愛，有的時候變成我和太太的主餐。

其實各種嘗試都是想讓寶寶的餐點變得更營養豐富，希望他吃得開心，我除了要想大人的餐點以外，還要思考寶寶的菜單。為了成為太太的神隊友，所以我很認真的付出，什麼都不覺得累。我將我想成為的爸爸，捏出了大概的形狀，也放了很多期待，有研究指出，爸爸照顧小孩會使爸爸的腦部重塑變化，分泌催產素，讓爸爸腦部的母性本能被激發，與小孩的情感連結更深厚。

在照顧小孩接近半年後，我慢慢發現，我在家中的樣子變成我認知中傳統女性的樣子，就像是我媽與我奶奶。我變得比較像是「媽媽」的角色，為什麼會這麼說？

或許是因為我的催產素分泌旺盛，與孩子的連結真的變得很強烈，兒子變得比較喜歡黏著我，我和太太還做過實驗，例如太太過來抱我，兒子則會將媽媽推開不讓媽媽抱爸爸，這些情況有時候讓我們哭笑不得，但看著孩子天真的舉動，我們也只能笑笑地接受。初期我還怕太太吃醋，但本意就是希望太太能好好休息，所以我很認份的接受與付出，努力工作，回家就幫孩子打理日常瑣事，盡量每天幫他洗澡、唸故事給他聽，睡前讓他揉揉我衣服的領子，偶爾還要唱四十分鐘的兒歌哄他睡覺。

孩子愈來愈懂事，開始進化成半獸人之後，這些任務就變得愈來愈艱難，常常會不聽話，所以生氣難免，氣歸氣，但看到兒子突然轉頭對你露出天真無邪的笑容時，又會覺得很幸福。

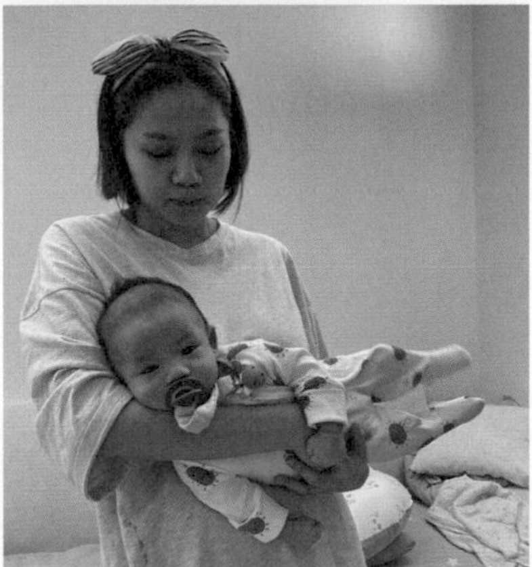

病識感

當帶孩子的壓力大過快樂

相信許多第一次當爸媽的人都跟我一樣，
為了孩子有許多的考量、妥協與取捨，
會不斷的找資料，看論壇，
但是往往忽略了調節因為這樣帶來的
壓力，
直到壓力和憂慮慢慢大過孩子帶來的
快樂……

因為太太要回職場工作，我拍戲的時間又不固定，保母的尋找變成一個有待解決的問題。當時搜集了很多資料，社會上的虐童案件時有耳聞，所以我們並不放心把孩子給外人照顧。很幸運又很剛好的是，孩子的姑姑在那段時間有空檔，願意北上擔任保母，在我們都忙的時候幫忙照顧孩子，有家人的幫忙，讓我們鬆了很大一口氣。

確實有了孩子之後，我們要考量的事務與責任變多了，體認到要當父母真的不容易，也體會到現實與理想需要平衡，有些事情勢必要取捨，這也是當父母要面對的課題。

我們開始閱讀很多的資料、網路上也有各種父母社團的分享，或跟身邊同為父母的朋友聊爸爸經、媽媽經，一起交流分享。有時候聽多看多，都會影響自己對於教育的想法，本意都是好的，都是希望能好好經營一個家、給孩子好的品格與環境，接收的資訊多了，就會不斷地思考如何面對孩子、教育孩子，結果除了外界給的壓力，最主要還是自己給自己的壓力一點一滴地增加，而這樣的壓力，慢慢地壓過與孩子相處時的快樂。

孩子的安全感與我的無助

由於幼兒的腦部發育比較敏感，睡覺會突然驚醒，出現俗稱「夜驚」的狀況，此時前額葉還無法控制情緒，驚醒後會鬧脾氣、止不住的哭鬧。有段時間媽媽的安撫沒有效果，需要我抱才能稍微平靜，但也需要抱著很久很久，雖然辛苦，但我一定要盡力而為，也不斷說服自己，把這當作過程。

除了夜驚，還有長乳牙的階段也非常不好過，兒子只能用哭鬧表達身體的不適，這一段時期都會在凌晨三到五點之間哭鬧。

我還曾經陪著兒子唸著故事、看到日出才終於睡覺，而小孩的乳齒會不斷的冒出來，所以半夜哭鬧這件事情變成週期性地發生，長期下來變成一種體力的消耗。

兒子一歲後開始懂得表達，能夠溝通的程度慢慢增加，也開始進化成半獸人，從爬行到會奔跑也才短短幾個月的時間，愈來愈活潑，但並沒有比較獨立，反而黏人的程度愈來愈強。

或許每個孩子的發展不同，但我家兒子好像比較沒有安全感，他非常喜歡黏著我，只要他一睜開眼睛，就開始黏在我身上，希望我抱他起床、或幫他做很多他想做的事情。學會要求大人和控制大人的行為，也學會了反對，還會用瞬間強烈的哭鬧來表達他的不爽。

這段時期就是我們會互相抗衡的時期。

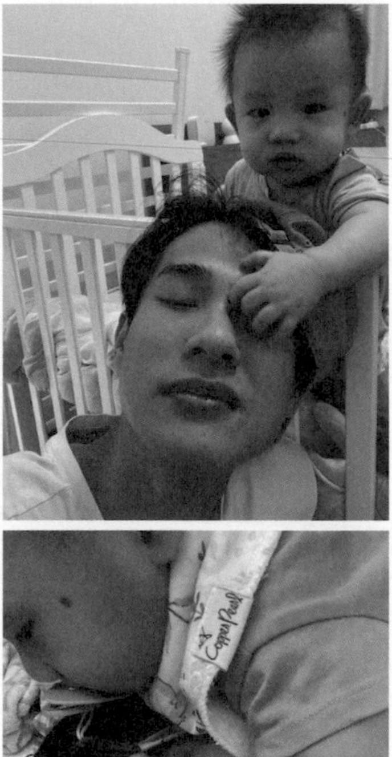

有時候睡覺前，兒子不願意讓我摘下眼鏡，當我不服從就會觸碰到他不爽的情緒，就馬上鬧脾氣，為了安撫他，我只能選擇短暫服從，久而久之卻養成了孩子的習慣。

其實我心裡很想教導他，希望他能理解，另一方面卻又明白他還年幼，心智還未發展完全，我只能掙扎然後又不斷妥協。

這樣的心理衝突維持了好一陣子，你不懂他、他不懂你，我只是一直忍耐，經歷過數次孩子非常極端的哭鬧，然後發現所有安撫的招式通通失效，他只想做一些大人不想讓他做的事情時，我突然在瞬間感到很無助，幾次的循環之後，變成一種精神耗弱。

讓自己也成為可以被照顧的那個人

工作的疲累還沒消滅，又想扛起一切，想幫太太分擔，想好好教導孩子，這些壓力的混合，導致我有一段時間在孩子哭鬧的同時，自己也情緒失控了，我會生氣、甚至會氣餒到流眼淚，我在孩子面前哭泣、示弱，但孩子還無法理解。我才明白自己沒有想像中的有耐性，而我給自己的壓力過於龐大，變成了消磨。

孩子愈大，情緒表達更激烈時，我的情緒崩潰得愈來愈頻繁，有時候就是會有幾分鐘突然情緒很糟糕，我會開始糾結很多小事，或質問自己是不是哪裡做得不夠好？我知道是我給自己的壓力太多，或許是因為不想成為我那浪漫派父親一樣的人，所以用盡全力陪著他，但太過用力，變成用最笨的方式在陪伴孩子，是不是應該採取更智慧的方式引導？

我在每一次瀕臨崩潰的臨界點，不斷地質問自己。

或許是因為曾經當過家中的神隊友，某段時間各種寶寶的大小事，我都可以安排得很妥當，我忽略了孩子天天在成長，不斷在變化這件事實。

寶寶會變成小孩，開始有意識地學習、模仿、甚至是反抗，不斷地逼

迫大人變化養育照顧的模式，我們只能順其自然地去適應。而我卻只是心急的想要快速做到最好，有段時間是追求讓孩子快速入睡，目的是想增加大人自己的時間，好像本末倒置了，當孩子不睡覺，反抗我們的權威時，我會意識到自己的時間又更少，被犧牲了，然後開始負面、生氣、煩躁。

這些想法都是自我消耗，而且會慢慢的傷害自己，同時也讓家人感受到壓力，傷害著家人。

我出現了病識感。

爸媽請先好好照顧自己

冷靜過後才發覺，以為自己犧牲了很多，卻忘了家人也是一樣的，因為太愛孩子，太愛家人，灌注太多的「想要」而失去平衡。

我理解到我的情緒控管出現了問題，後來出現崩潰的時候，我選擇開口跟家人說，狀況依然無解，就是一段養育必經的過渡期，但至少我開口了，表達自己可能生病的當下，好像稍微放過自己一點，不再要求自己扛起太多了。

然後將自己交給了家人，感受到家人的扶持是一種放心感，太太與妹妹將我拉回現實，認知到創造一個家不是只有我一個人的責任，而是大家要一起面對的課題。

仍然要常常提醒自己不要想得太多，接受當下，專注感受自己和孩子正處於什麼狀態，不要讓自己不適，因為自己不適的同時，也或多或少會讓孩子不適，經過家人的提醒，我才發現孩子會鬧脾氣，或許就是因為感受到我情緒上的不舒服而做出的反應，只是他不會表達，才變成我們兩個人都在鬧脾氣，我也在陪伴孩子的同時，放縱自己的情緒變成了孩子，而這樣的互動變成了惡性循環。

當父母真的不容易。

因為照顧小孩，我不斷地面對自己、質問自己，我們都是鏡子，身為父母就要更用心地面對自己，然後再與孩子互相面對。所以在養育孩子之前，請各位爸媽有時間先好好的對待自己，每個人都需要喘息的空間，先把自己顧好，再來好好照顧小孩。

有負面情緒很正常，所以我產生了病識感，我知道自己的問題，也發現選擇開口求救不是壞事，縱使這個階段很難受，但一定會讓我們一同成長。不斷的調和，找尋平衡，讓自己舒服，才能創造舒服的自我，才能真正的享受當下，進一步創造出舒服的家庭。

家的味道

一起好好吃飯，就是家

料理給了我很強大的連結與凝聚力，
廚房是我的個人空間，我有時候會選擇
用料理來放空，
或者是用逃避來形容比較恰當。
我開始讓料理占領我生活的一大部分，
或是在料理上找到讓自己平衡的重心。

平常只要休假沒有拍戲，我都在思考要怎麼餵飽家人。

上午起床後的第一件事，就開始打理小孩的生活起居，要泡多少牛奶、要吃什麼水果早餐，然後大人的早午餐將就著隨便吃，對我來說最有儀式感的時間是晚餐，因為太太下班回家，是家人都會在的時候，我喜歡大家一起同桌吃飯。

所以下午讓孩子午睡後，就開始思考冰箱有什麼菜？晚餐要吃什麼菜色？必須抓時間構思，早的話三點就要開始備料、分類菜色、讓食材退冰等等，最遲則是五點多就要開火，才能剛好趕上太太下班到家的那一刻，將所有菜煮好熱騰騰上桌，全家可以一起開動的美好瞬間。

我喜歡這種凝聚的儀式感，我也喜歡把自己關在廚房，藉著切菜、備料放空身心靈，專注的準備全家人的晚餐，順便逃避一下黏人的小孩。

雖然煮菜還蠻消耗精神，還時常熱到無法跟著一起吃，但我都會厚著臉皮問家人感想，不管家人的回饋如何其實都很值得，因為料理就是我所能給予的簡單幸福。

家人只要在一起，什麼都好

我們一起計劃未來，一起創造各種儀式感，用這些儀式感去凝聚更多屬於家的味道，我們一起露營過，為此還研究了露營菜單，讓露營變得更加忙碌但是充滿美味。

我們還一起確診過新冠肺炎。因為我不小心感染了新冠肺炎居家隔離，這段時期最辛苦的是太太和妹妹的照顧，然後我隔離養病還要假裝不在家，不然兒子會焦慮會想要爸爸抱。結果在隔離了幾天之後，兒子開始發燒，太太已做好心理準備，因為以孩子黏我的程度判斷，我發病前就常常親密接觸，還一起洗過澡，只是孩子反覆發燒，我這個元兇因為隔離中無法接觸幫忙，是最讓人焦慮的時刻。

快篩確定小孩感染了新冠肺炎，也幸好小孩的抵抗力強，最後平安退燒度過危險，結果讓太太和妹妹也都陸續確診了新冠肺炎。原本我是躺著被服務的那一個，慵懶了幾天不用煮菜，最後變成全家一同確診，也算是很難得的家庭回憶。

印象更深刻的是，在我解除隔離的那天早上，兒子從房間走出來看到數天未見的我，竟輕輕地跑過來抱著我甜笑，然後爬到我胸口黏著我，那種暖心感令我難以忘懷。

孩子慢慢大了，我開始料理一些我們能夠一起吃的食物。

還記得有一次我炒了一盤青椒肉絲，試探性的餵兒子吃了一口，他竟然驚嘆的「哇」了一聲，給了個既浮誇、可愛又不失真實的好吃表情，然後一口接一口的吃飯，突然讓我感到幸福。

原來讓他喜歡吃飯，是一件這麼開心的事情，讓我更有動力的想要為他們料理下一餐。

雖然他的喜好隨心情而定，有時候還是不吃我煮的菜；有時候卻又連大人都不愛的苦瓜、茄子、青椒等等，也吃得津津有味，讓我摸不著頭緒，但現在他已經開始學會接受我進廚房這件事，慢慢習慣，不會像以前一樣分離焦慮的哭鬧，然後在我煮好菜端上桌的同時，他還會充滿期待的衝到餐桌旁，想看我煮了什麼好料的，最後等媽媽回家，我們一家人一起吃飯，然後一起吃得很飽很飽。

好像不管發生什麼事情，只要能跟家人好好的吃一頓飯，就能填補一些能量，用這樣的儀式感，讓幸福變得更完整。

成長中的愛，都在料理中

原來我小時候會記得的很多美好回憶，都是來自於這些美好的儀式感。因為這些美好養成了我的人格，直到現在我還是一樣善於糾結、一樣在等待，一樣相信宇宙對於我們會有最好的安排，也相信自己是幸運的，才有力氣持續保持正面、學習擁抱負面，然後在過程中不斷的跟自己對話，是我學習面對的人生課題。

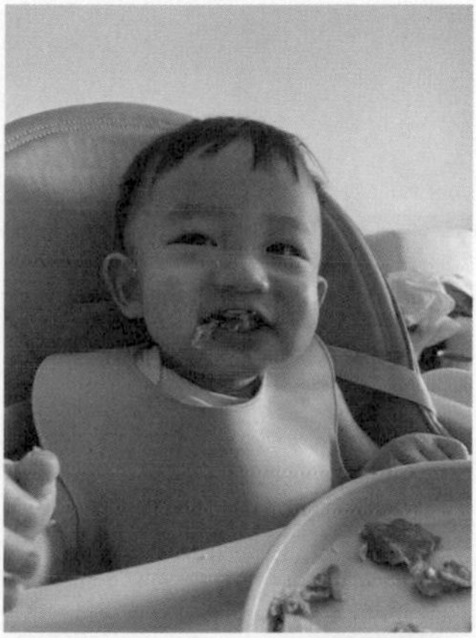

慶幸自己是個演員，勇於接受揉捏與變化，我將這一套哲學帶入生活裡，用心感受生活與當下。

因為寫書，我用文字重新體驗了這段人生路程，讓我更認識了自我，也更深刻的去了解我愛的人、還有愛我的人，重新體會失去的痛苦，重新感受給予的幸福，然後回味我這個食材經過什麼工序，怎麼成型，而未來還會經歷什麼，變成什麼不同的料理？

不用設限。

只期待未來我能繼續料理出更多的幸福，然後跟我所愛的人們一起細細品味。

最後，我想向我愛的長輩、那些逝去的美好生命致意，

尤其是我的爺爺、奶奶還有我最親愛的媽媽。他們常常提醒我，所以我在這邊也要提醒自己，提醒家人、提醒我愛的人們，還有提醒正在看這本書的你們，請記得好好吃飯。

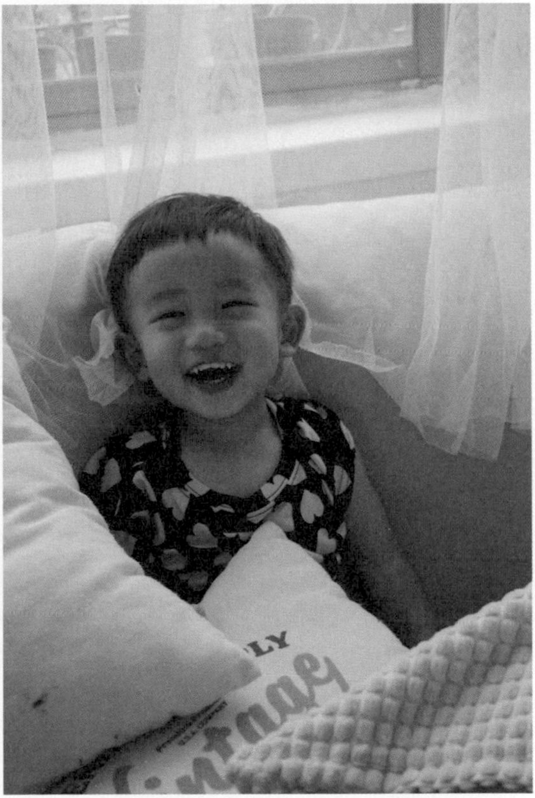

RECIPE

【爸味炒米粉】

看似簡單的家常料理，卻是我太太很喜歡的一道。其實備料起來非常不簡單，感覺就是紮紮實實能為家人好好付出心力的一道菜。所以我叫它爸味炒米粉，其實只是爸爸炒的米粉。

材料 （約 2 ～ 3 人份）

米粉 2 球
高麗菜 1/4 顆
紅蘿蔔 半條
香菇 2 朵
洋蔥 半顆
肉絲 50g
雞高湯 1 罐

醬料

醬油 2 湯匙
蠔油 1 湯匙
味醂 半湯匙
白胡椒 適量
鹽 適量

作法

1. 高麗菜、洋蔥、香菇、紅蘿蔔切絲備用。
2. 米粉先下水汆燙，煮熟起鍋備用。
3. 熱鍋下少許油，先下肉絲炒至 8 分熟，起鍋備用。
4. 原鍋不洗，再下少許油，下洋蔥、香菇、紅蘿蔔先炒香，接著下高麗菜絲炒軟，太乾下些許高湯一同拌炒。
5. 菜都炒軟後下米粉，繼續翻炒，太乾可以加入高湯。
6. 接著下肉絲，接著倒入醬料一同翻炒。
7. 米粉上色後，調整味道加點鹽或白胡椒即可起鍋完成。

彥澤小提醒

- 拌炒蔬菜時，可加少許味醂。
- 關火前可再加一些黑醋，會讓米粉更具有獨特的香氣。

RECIPE

【涼拌菠菜豆腐】

非常適合夏天的一道菜，不鹹不油又營養好吃！只是準備需要一點技巧，也是太太和我都喜歡的料理。

材料 （約 2 人份）

菠菜 1 把
板豆腐 1 盒
日式醬油 20ml
柴魚片 10g
白芝麻 適量
香油 適量

作法

1. 用適合容器裝水，壓在板豆腐上將多餘水分壓出，約 15 分鐘，中間可墊著廚房紙巾同時將水分吸出。
2. 菠菜洗淨切段，接著汆燙約 1 分鐘，撈起放入冰水裡冰鎮。
3. 起一鍋水約 100c.c. 煮滾，加入柴魚片稍微熬煮後，倒入日式醬油，醬汁完成。
4. 將冰鎮後的菠菜切成約 0.5 公分的碎段。
5. 將水分釋出的豆腐捏碎與菠菜混合均勻。
6. 倒入醬汁攪拌均勻，再撒上芝麻及香油即完成。

RECIPE

【黑糖紅豆紫米湯】

我太太月事來時我都會煮的甜湯，因為紅豆要泡水一晚，反而成為很有儀式感的料理。後來小孩出生，我也時常會煮好放在冰箱當作小孩的點心。夏天冰起來、冬天加點薑汁都是很好吃的變化。

材料　（約 2～3 人份）

紅豆 2 杯（米杯）
紫米 1 杯
黑糖 30g
紅糖 20g
冰糖 少許
紅棗 數顆
鹽 半茶匙

作法

1. 紅豆洗淨泡水 1 個晚上，再加點水蓋過紅豆，然後放進電鍋裡，外鍋放 1.5～2 杯水蒸熟蒸軟，視鬆軟程度可重複蒸。
2. 紫米洗淨泡水約 30 分鐘，外鍋放 1 杯水，進電鍋蒸熟。
3. 起 1 鍋水約 1000c.c 煮滾，下黑糖、紅糖、冰糖，攪拌均勻，可加半茶匙的鹽。
4. 將紅豆與紅棗一同放入糖水鍋內熬煮，用大火煮 15 分鐘，將紅豆更加煮透。
5. 接著下蒸好的紫米一同熬煮，蓋上鍋蓋用小火熬煮 30 分鐘即完成。

彥澤小提醒

・紅棗可加可不加。

RECIPE

【白飯殺手青椒肉絲】

我的拿手菜之一，初次料理給兒子吃，竟然反應奇佳，連吃了好幾口，用實際用行動表示好吃，也讓爸爸我印象深刻，然後充滿信心的將它列為我的拿手菜之一。

材料 （約 2 ～ 3 人份）

青椒 2 顆
豬肉絲 100g
蒜頭 5 ～ 6 瓣
黑胡椒 適量
白胡椒 適量
玉米粉 1 茶匙
鹽 適量

醬汁

醬油 1 湯匙
沙茶醬 1 湯匙
味醂 半湯匙

作法

1. 肉絲洗淨擦乾，倒入醬油 1 湯匙、味醂半湯匙，鹽、白胡椒少許，還有玉米粉適量，先抓醃 15 分鐘。
2. 青椒洗淨切絲備用，蒜頭切末備用。
3. 起鍋熱油，先將肉絲炒至 7 分熟，起鍋備用。
4. 原鍋不洗，再放少許油，下蒜末爆香，接著下青椒絲炒香。
5. 看青椒絲略炒軟，下肉絲與醬汁一起拌炒。
6. 肉絲炒熟、青椒炒軟後，加鹽與黑胡椒調整味道，即可起鍋。

彥澤小提醒

・味醂可視個人口味增減。

RECIPE

【蒜香豬排佐蘋果醬】

為了全家露營而向有料理達人之稱的朋友討教的菜色，結果非常好吃，讓露營增加一些美味的儀式感與回憶，現在變成家裡常出現的菜色，蘋果醬被家人稱讚好吃到可以販售。

材料 （約 3 ～ 4 人份）

里肌豬排 3 片
無鹽奶油 約 50g

豬排醃料
黑胡椒 適量
鹽巴 適量
無鹽奶油 約 50g
鼠尾草、月桂葉　適量
橄欖油 1 罐
蒜頭 8 ～ 10 瓣

蘋果醬
洋蔥 1 顆
蘋果 1 顆
肉桂粉 10 ～ 20g
糖 30g
檸檬汁 少許（1 顆）

作法

1. 豬排洗淨擦乾，用叉子平均戳兩面。倒上橄欖油、鹽巴、黑胡椒，稍微按摩一下。最後將鼠尾草、月桂葉等香料、蒜頭與豬排一起丟進夾鏈袋封好，先醃 1 個晚上。
2. 小火熱鍋，倒入橄欖油加上奶油增加油的耐熱度。
3. 將醃好的豬排取出，稍微將醃料抹去，放入鍋內煎至兩面金黃後，再丟一大塊奶油澆淋，豬排豬排起鍋備用，將洋蔥和蘋果切碎備用。
4. 原鍋原油加入洋蔥、蘋果、肉桂粉、糖，炒軟後加水煮至收汁，即可加檸檬汁，調味視個人口味可以增減鹽巴或糖。

謝謝你們閱讀完我的文字，
歡迎來到盧秀澤的幸福餐桌。

盧彥澤的幸福餐桌

再怎麼難，

只要能跟家人好好吃飯，

就是幸福。

作　　者　盧彥澤
經紀公司　星星相藝國際有限公司
經 紀 人　于恩懿、曾羽濰
攝　　影　蕭維綱
妝髮造型　何明諺 Soven Ho
服裝贊助　GU
責任編輯　呂增娣、徐詩淵
美術設計　劉旻旻
行銷企劃　吳孟蓉
副總編輯　呂增娣
總 編 輯　周湘琦

董 事 長　趙政岷
出 版 者　時報文化出版企業股份有限公司
108019 台北市和平西路三段 240 號 2 樓

發行專線　(02)2306-6842
讀者服務專線　0800-231-705　(02)2304-7103
讀者服務傳真　(02)2304-6858
郵　　撥　19344724 時報文化出版公司
信　　箱　10899 臺北華江橋郵局第 99 信箱

時報悅讀網　http://www.readingtimes.com.tw
電子郵件信箱　books@readingtimes.com.tw
法律顧問　理律法律事務所　陳長文律師、李念祖律師
印　　刷　和楹印刷有限公司
初版一刷　2022 年 11 月 18 日
定　　價　新台幣 480 元

（缺頁或破損的書，請寄回更換）

時報文化出版公司成立於 1975 年，
並於 1999 年股票上櫃公開發行，於
2008年脫離中時集團非屬旺中，以「尊
重智慧與創意的文化事業」為信念。

盧彥澤的幸福餐桌：再怎麼難，只要能跟家人好好吃飯，就是幸福 / 盧彥澤著. -- 初版. -- 臺北市：時報文化出版企業股份有限公司, 2022.11
面；　公分
ISBN 978-626-353-085-0(平裝)
1.CST: 盧彥澤 2.CST: 臺灣傳記 3.CST: 烹飪 4.CST: 食譜
427.1　　111016841

ISBN 978-626-353-085-0
Printed in Taiwan